에고이스트 코

녹색 현실주의자, 이기적으로 지구 구하기

에코 에고이스트

에고이스트

그레그 크레이븐 지음 | 박인용 옮김

녹색 현실주의자, 이기적으로 지구 구하기

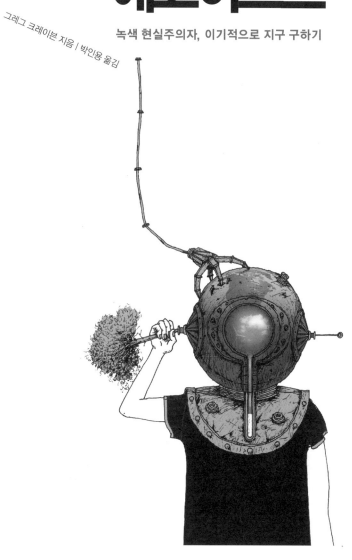

함께읽는책

C/O/N/T/E/N/S

에코 에고이스트
녹색 현실주의자, 이기적으로 지구 구하기

• • •
———————— 케이티와 앨릭스를 위해 ————————
• • •

당신은 어느 쪽인가?

사회 운동가들은 외친다
지구가 더워지고 있다!
우리 때문에 그렇게 되고 있다!
파국이 올 것이다!
큰일 났다! 늑대가 문 앞에 왔다!
이것은 인류의 역사상 가장 큰 위협이다!
더 이상 기다리면 비용이 너무 많이 들 것이다!
가장 먼저 돈을 써야 할 중요한 일이다.
우리가 과감한 조처를 취하지 않으면, 기후 및 그와 관련된 모든 것이 파멸에 이를 것이다!
우리는 지금 당장 행동하지 않으면 안 된다!
과학은 합의가 되어 있다!
과학은 청원에 따라 움직이지 않는다!
너희들에게는 편견이 있다!
너희들은 이기적으로 자신의 이익만 추구하고 그러므로 탐욕적인 기업과 한통속일 뿐이다!
너희들 때문에 보수주의자와 자유주의자의 신뢰가 바닥으로 떨어졌다! 너희들의 판단이 틀릴 경우 너희들은 완전히 밀려날 것이다. 그리고 다시는 아무도 너희들의 말에 귀를 기울이지 않을 것이다!
20년 이내에 탄소 문제가 심각해지면, 너희들은 모두 근시안적인 이기심으로 우리까지 몰락시킬 것이고 그것 때문에 벌을 받을 것이다!
자, 봐라! 사태는 이미 벌어지고 있다! 탄소 배출을 이제 전면 중단하라! 줄여라! 줄여라!

회의론자들은 달랜다

지구는 더워지고 있는 것이 아니다.

그것은 자연의 순환이다.

아무런 해악도 없을 것이다.

진정해라. 문 앞에 늑대는 없다.

아니다, 이것은 역사상 가장 큰 거짓말이다.

어떤 조처를 취하는 데 비용이 너무 많이 들 것이다.

돈을 써야 할 더 중요한 곳이 많다.

우리가 과감한 조처를 취하면, 경제와 그에 관련된 모든 것이 파멸에 이를 것이다!

과학이 합의가 될 때까지 기다리자.

그렇지 않다는 청원이 여기 있다.

과학은 권위에 따라 움직이지 않는다!

아니다, 너희들에게 편견이 있다!

너희는 사람들을 통제해 새로운 세계 질서를 세우려는, 환경 비관론자일 뿐이다!

너희들이 잘못된 경보를 그처럼 크게 외치는 바람에 과학의 신뢰성 자체가 위기에 처해 있다! 너희들의 판단이 틀릴 경우 너희들도 완전히 밀려날 것이다. 그리고 100년 동안 아무도 과학계를 믿지 않을 것이다.

20년 이내에 너희들의 신경질적인 집단 사고와 음모가 드러나면, 너희들은 돈과 권력을 쥐기 위해 모략을 쓴 죄목으로 벌을 받을 것이다.

문제가 너무 크기 때문에 아무것도 할 수 없다! 탄소 배출을 줄이면 우리는 암흑시대로 돌아갈 것이다! 경제가 튼튼해야 이것을 해결할 수 있다! 적응하라! 적응하라!

당신은 지구 온난화에 대해
얼마나 알고 있는가?

여러분도 지구가 뜨거워지고 있다는 떠들썩한 논란에 싫증이 나는가? 이 논란의 한쪽에는 지구 온난화가 가능한 빨리 그리고 진지하게 다루어져야 할 국가 안보 문제라는 보고서를 내놓은 미국 정부 기관이 있다. 다른 한편에는 '이것은 끊임없이 되풀이되는 가장 커다란 거짓말'이라면서 이에 동의하는 과학자 400명의 명단을 가진 원로 상원의원이 있다.

현재 여러분은 지구가 뜨거워지면서 생길 여러 가지 가능성 가운데 생명을 위협한다는 말이 가장 신경 쓰일 것이다. 하지만 시간 여유가 별로 없는 바쁜 현대인인 여러분은 '심각하다' 혹은 '거짓말이다'는 주장이 빗발치는 총알처럼 쏟아지는 상황에 어리둥절할 것이다. 그리고 아마 그 양편의 말은 그들의 이해관계에 맞추어 여러분을 설득시키는 것이라고 생각하고 회의적인 시각으로 바라볼 것이며, 여기에는 나도 포함된다. 그래서 누가 옳은지 판단하기보다 양편이 싸우도록 놔두었다가 나중에 결과를 보고 생각하겠다고 미루는 경향이 있다. 이전의 다른 논란들은 이런 태도가 대체로 효과가 있었다.

하지만 이번에는 어떨까? 지구 온난화의 심각성을 이야기하는 사람은 조급해 한다. 이들은 우리가 논쟁을 벌이고 있는 이 순간에도 아까운 시간이 흐르고 있으며, 이렇게 논쟁만 계속할 경우 아무런 경고도 없이 갑자기 10만 볼트 전기가 바닥에 흘러 이 논쟁을 지켜보고만 있는 청중을 몰살할 것이라고 주장한다.

이 이야기가 옳다는 것은 아니지만 일단 지켜보려는 사람들에게 압박을 주는 셈이다. 그렇지 않은가? 우리가 곧 결단을 내리지 않으면 물리 법칙이 결단을 내릴 것이라니 말이다.

우리는 스스로 그 논쟁에서 결론이 나기 전에 섣불리 결정하지 않으려 애를 쓴다고 생각하지만 어떤 면에서는 끊임없이 결정을 내리고 있다. 바로 아직은 어느 쪽으로든 크게 행동하지 않는다는 것이다. 아마도 그것이 가장 훌륭한 결정일 수도 있지만 나는 그것이 신중한 결정이기를 바란다.

이제 내 소개를 해야겠다. 나는 고등학교 과학 교사이고 9년 동안 아이들을 가르치면서 과학에 관심 없는 사람들에게 과학을 설명해 주는 일을 해 왔다. 그러므로 나는 여러분에게 기후 변화에 관한 소란에서 한 발 물러나, 그 문제를 여러분 스스로 판단하고 결정하는 데 도움을 줄 수 있을지도 모른다.

좋은 소식이 있다. 나는 어느 편이 옳은지 설명하려고 온갖 그래프와 표 등을 보여 주지 않을 것이다. 어느 쪽이든 이미 그렇게 하고 있는 책은 여기저기 널브러져 있다.

이 책은 어떤 결론이 옳다고 하려는 것이 아니라 여러분이 본인 스스로의 결론에 이를 수 있도록 도와주는 생각의 도구를 전해주려고 한다. 그리고 여러분이 이미 알고 있는 모든 사실을 여러분의 가치관이나 경험에 따라 조합할 수 있는 특별한 기법을 알려준다.

물론 나는 나 자신의 결론에 이르렀다. 하지만 나의 결론을 가르치려는 것이 아니라 그 생각의 도구를 어떻게 이용할 것인지 보여 주기 위해 '칠판에 적힌 예제'로서만 내 결론을 이용할 것이다. 마지막 장은 여러분이 배운 사고 도구들, 그동안 접해 왔던 지구 온난화 문제에 대한 논쟁의 자세한 내용, 그리고 여러분의 가치관이나 경험 등을 합쳐서 여러분 자신의 결론을 내릴 수 있도록 돕는다. 나와 같은 결론에 이른 사람들은 부록에서 자신의 결론을 행동에 옮김으로써 진정한 변화를 가져올 수 있는 방법 몇 가지를 보게 될 것이다. 그리고 나와 생각이 다른 사람들은 어쩌면 내 조언을 전혀 바라지 않겠지만, 그들도 보면 좋을 만한 자료가 마련되어 있다.

이 책은 본질적으로 위험과 대가를 추측함으로써 불확실한 상황에서 무엇을 할 것인지 결정하는 위기관리에 관한 것이다. 하지만 따분한 내용은 아니다. 불확실한 결과에 따라 때로는 엄청난 돈을 지불해야 하는 보험회사나 카지노가 영업을 계속할 수 있는 것도 바로 그 덕분이다. 나는 지구 온난화 논쟁에 있어서도 이 같은 위기관리를 해야 한다고 이야기하는 것이다. 문제가 기후든 경제든 간에—여러분이 논쟁의 어느 편에 귀를 기울이는지에 따라— 이해관계가 달라지며 결과도 불확실하다는 점은 여러분도 인정할 것이기 때문이다.

우리 모두 바쁜 사람들이므로 나는 먼저 이 책이 여러분의 시간을 빼앗을 만한 것인지 판단할 수 있도록 표로 정리했다.

여러분은 어디에 속하는지 찾아보라.

여러분의 생각	이 책을 읽어야 할까?	왜?
지구 온난화는 허풍이다.	그렇다.	나는 지구 온난화가 실제로 일어난다고 설득하려는 노력조차 하지 않을 것이다. 그렇더라도 이 책을 다 읽고 나면, 여러분은 과감하게 무엇인가를 해야 한다고 생각할지도 모른다.*
지구 온난화가 문제이기는 하지만 과장되었다. 우리가 그만큼 지구에 영향을 미칠 수는 없다.	그렇다.	여러분이 옳을지도 모른다. 하지만 인류가 기후에 영향을 끼치는지 아닌지 논의하는 지금도 우리는 인류와 기후의 관계를 실험하고 있다. 그 결과가 어떻게 되든, 중요한 것은 우리가 그 시험대 위에 있다는 것이다. 이번처럼 모든 것을 내기에 걸 때는 신중해야 한다.
지구 온난화가 정말로 큰 문제라면 사람들이 그것을 해결할 것이다.	그렇다.	이전에도 '사람들'이 엉망으로 만들지 않았는가? 2005년 뉴올리언스에 불어닥친 허리케인 카트리나는 자연 재해였지만 이후 벌어진 무법 상태는 국가적 수치였다. 그러므로 만약의 사태에 대비해 준비를 조금 하는 것도 나쁘지 않을 것이다. 그런다고 해서 최악의 상황이 무엇이겠는가? 고작 책을 읽느라고 몇 시간 낭비하는 것뿐이다.
지구 온난화가 문제이지만 우리가 더 신경 써야 할 다른 환경 문제가 많다.	그렇다.	나도 한때 원시림, 원자력, 위기에 처한 생물 등 다른 환경 문제에 대해 생각한 적이 있었다. 하지만 이 책에서 앞으로 다룰 도구를 가지고 기후 변화에 대해 결론을 내고 나서는 그것이 다른 모든 것보다 중요하다고 생각하게 되었다. 핵폐기물? 아무 문제가 없다. 점박이올빼미? 닭고기와 같은 맛이다! 여러분은 내가 측은지심 환경주의자로부터 거친 실용주의자로 바뀐 이야기를 흥미로워할지도 모른다.
사는 문제가 너무 바빠 이런 문제를 고민할 시간이 없다.	그렇다.	만약 미국 의학 협회가 "녹색이 여러분에게 나쁘다"고 한다면, 여러분은 "뭐라고? 그 사람들 더위 먹었나?" 하고 생각할지도 모르지만 곧 고개를 갸웃거리며 그 내용을 다시 볼 것이다. 의학계의 가장 권위 있는 단체가 한 말이므로 가볍게 무시할 수 없기 때문이다. 그렇다면 과학계의 미국 의학 협회라고 할 수 있는 단체가 "지구 온난화는 사회의 분명한 위협이며 우리는 지금 당장 조처를 취해야 한다"고 선언한다면 여러분은 어떻게 생각할까? 그렇다고 해서 여러분이 그 말을 다 믿진 않겠지만 다시 그 내용을 살펴볼지도 모른다. 그리고 그들은 정말로 그렇게 선언했다.** 그 문제를 잠깐 살필 틈도 없는가?

여러분의 생각	이 책을 읽어야 할까?	왜?
지구 온난화가 커다란 위협이며 즉각 다루어야 한다.	아니다.***	굳이 읽지 않아도 된다. 만약 여러분이 지구 온난화의 심각성을 더 알고자 한다면 이보다 더 훌륭한 책들이 많다. 하지만 지구 온난화의 심각성을 널리 알리려고 한다면 이 책을 사서 세탁소, 공원의 벤치, 상원의원 사무실에 놓아두라. 그러려면 여러분은 자신이 과연 좋은 '제품'을 퍼뜨리는지 확인하기 위해 이 책을 읽고 싶을 것이다.

＊이 책의 바탕이 된 비디오를 보았던 어떤 사람은 내게 자신이 철저한 공화당원이라면서, 아직 지구 온난화가 사실이라고는 믿지 않지만, 그래도 어떤 조처를 취하는 것이 신중한 일이기 때문에 이제는 그렇게 해야 한다는 생각을 갖게 됐다고 말했다.

＊＊122쪽의 미국 국립 과학원(2005)과 미국 과학 진흥 협회(2006)의 발표 참조.

＊＊＊그러니까 내 말은 모든 사람이 이 책을 읽어야 한다는 것이다.

여러분이 이 책을 읽어야겠다고 생각했다면 이 책이 "나를 믿어라!" vs "아니다, 나를 믿어라!" 하는 다른 책들과 무엇이 다른지 알고 싶어 죽을 지경일 것이다. 그래서 여러분은 앞뒤 안 가리고 뛰어들지 모른다. 잠깐, 잠깐만. 나는 여러분을 돌뿌리에 걸려 넘어지게 하고 싶지 않다. 시작하기 전에 모든 것을 털어놓으려 한다.

사실 1 나는 전문가가 아니다

먼저, 한 가지는 분명히 해 두자. 나는 지구 온난화 논쟁의 주된 분야인 지구 과학이나 경제학 전문가가 아니다. 그런데도 여러분은 내 말을 믿어야 할까?

아니다.

나는 단지 지구 온난화 문제에 아주 관심이 많은 평범한 과학 교사일 뿐이다. 다만 관심이 많다 보니 논란의 쟁점을 명확히 볼 수 있는 생각의 도구 상자를 우연히 발견하게 된 것이다. 나는 이 책에서 내가 만난 생각의 도구 상자를 설명할 것이다.

쟁점의 주축이 되는 양쪽은 권위 있는 전문가들을 내세워 많은 그래프와 데이터로 무장한 책들을 쏟아내면서 여러분들에게 자신의 주장이 사실이라고 강요하고 있다. 예컨대 덴마크 환경 전문가 비외른 롬보르의 《쿨잇 : 회의적 환경주의자의 지구 온난화 충격 보고》은 거의 3분의 1이 주와 참고 문헌으로 되어 있으며, 〈워싱턴 포스트〉에서 선정하는 '세계에서 가장 영향력 있는 학자'에 이름을 올린 바 있는 레스터 브라운의 《플랜 B 3.0 : 문명을 구하기 위해 모두 나서자》은 학술 논문의 따분함과 정신이 번쩍 드는 공포가 치열한 공방전을 벌인다. 그래서 나는 이 책을 볼 때마다 책을 베고 잠을 자야 할지, 두 팔을 내저으며 도망을 가야 할지 갈등한다. 내가 여러분에게 내 말을 믿으라고 강요하지 않는 것도 바로 그 때문이다. 믿느냐 믿지 않느냐에 초점을 맞추다가는 전혀 진전이 없으리라 생각한다.

자동차 운전석에 앉을 때마다 사고가 날 것 같냐고 묻지 않는 것처럼, 이 문제는 지구 온난화를 믿느냐 마느냐에 관한 것이 아니다. 말하자면 실제로 그 실험을 하기 전까지는 답을 분명히 알 수 없는, 간단히 말해 쓸데없는 질문이다.

우리는 무의식적으로 항상 스스로에게 바른 질문을 던진다. 바로 주어진 위험과 불확실성을 감안해 지금 당장 내가 무엇을 하느냐 하는 것이다. 예컨대 자동차를 탔을 때는 안전벨트를 매야 하는가 하는 질문이 핵심이다. 그것은 벨트를 매야 하는 번거로움과 매지 않았을 때 위험 사이의 균형 문제이다. 만약 버튼만 누르면 자동으로 벨트가 채워지면서 어깨를 주물러 준다면? 또는 안전벨트의 끝이 시트 깊숙이, 게다가 껌이나 면도날 사이에 파묻혀 있다면? 차량이 드문 일요일에 운전한다면? 아니면 어둠 속에 꾸불꾸불한 좁은 길을 빨리 달리는데 사슴 떼 사이를 통과해야 한다면? 눈에 띄지 않는 모퉁이가 많은 길이나 메뚜기 떼를 만난다면?

과학 교사로서 나는 어느 특정한 사람이 하는 말보다 비판적 사고의 과정을 훨씬 더 신뢰한다. 그러므로 여러분이 비판적 독자라면 내 마음이 편해질 것이다. 사실 여러분이 내 말을 곧이곧대로 듣기보다 의심하기를 바란다. 인터넷 검색 엔진을 이용해 정보를 찾아보고 여백에 메모하라. *내가 이렇게 시범을 보이겠다.*

이리저리 찔러 보고 돌려 보기도 하고 이 책이 마음에 드는지 살펴보라. *그러나 때리지는 말도록.* 유용한 것이라면 무엇이든 적극 이용하라. 만약 이 책이 유용하지 않았더라도 우리에게 주어진 약 65만 7000여 시간 가운데 2시간 정도 손해 봤을 뿐이다.

의심하는 것은 좋다. 여러분의 삶은 바꾸려는 사람이나 정부의 정책, 여러분이 사용하는 기름 종류에 대해 회의적으로 생각해 보는 것은 권장할 만한 일이다. 하지만 아무리 좋은 것이라고 해도 지나치면 해롭다. 비타민 C, 햇빛, 온라인 게임 등은 적당하면 유익하지만 너무 지나치면 해로울 수 있다. 마찬가지로 모든 것을 의심하는 것은 전혀 의심하지 않는 것만큼 해롭다. 자칫 잘못하면 이런 꼴이 돼 버린다.

"젠장, 이건 논쟁도 아니야!"

"아냐, 논쟁이야!"

"아니, 논쟁이 아니라니까!"

이 책의 도구들은 여러분의 생각과 의심을 신중하게 다루면서 여러분이 유용하게 활용하도록 도울 것이다.

내가 진실을 이야기하는 것이 아니라 생각하는 법에 대해 제안하고 있음을 꼭 기억해 주기 바란다. 그러니까 이 책은 지구 온난화에 관해 무엇을 할 것이냐가 아니라 어떻게 생각할 것이냐에 초점을 맞춘다. 그렇게 함으로써 여러분은 다른 사람이 하는 말에 신경 쓸 필요 없이 여러분 스스로의 결론에 이를 수 있을 것이다. 아무튼 독자들의 날카로운 비판을 기대한다. 이런 말은 퍽 유용하다. 이 책에서 독자들이 오류를 발견하더라도 "그것은 비판적인 독자인지 아닌지 시험해 보려고 일부러 그렇게 한 것이다. 찾아냈다니 대단하다"고 주장할 수 있기 때문이다.

| 사실 2 나도 편견이 있다

전 지구적인 기후 변화의 쟁점 부분에서 다시 이야기하겠지만 나도 편견이 있다. 바로 케이티와 앨릭스 나의 어린 두 딸이다. 두 딸의 행복이 내 모든 의사 결정을 좌우하며, 아이들의 행복에 관계되는 모든 쟁점에서 나는 무엇보다 안전을 선택하는 강한 편견이 있다.

나는 내가 아는 기온 변화의 규모와 속도 때문에 적이 걱정이 된다. 그것이 내 딸들의 인생에 어떤 영향을 줄 것인지 깊이 생각하며, 문명이 멸망할 경우에 대비해 농사지을 땅을 마련해야 하는지 고민할 정도이다. 내가 틀릴지도 모른다. 사실 내가 틀리기를 진정으로 바란다. 하지만 그렇게 믿고 있을 수만은 없는 노릇이다.

그래서 나는 논의의 교착 상태를 해소시키려고 한다. 그렇지만 아까도 이야기했다시피 여러분을 설득하려는 것이 아니다. 나는 양편의 입장과 그 쟁점을 논의하는 데 사용할 수 있는 도구 몇 가지를 준비했고, 가능한 대로 객관적이며 공평한 생각의 도구를 제안하기 위해 최선을 다했다. 그러나 누구나 자신의 주장이 객관적이며 공평하다고 주장한다는 것도 알고 있다. *내가 성공했는지 아닌지는 여러분이 판단하겠지만, 여하튼 여기서 내가 제안하는 것 가운데 적어도 몇 가지는 여러분에게 유용할 것이다.*

나는 먼저 앞으로 이야기할 생각의 도구들이 내 편견의 영향을 얼마나 받았는지를 확인해야 했다. 그래서 지구 온난화 논의와 관련된 저술가, 사상가, 정책 입안자, 과학자 등 200명이 넘는 사람을 만났다. 그리고 그들에게 내가 제안하는 도구들을 어떻게 생각하느냐고 물었다. 그 결과 회의론자나 온난화 지지자 모두에게서 가장 많이 들은 이야기는 내가 너무 반대편에 가깝다는 것이었다. 중간 지점을 발견하기 위해서는 어떻게 해야 할까? 어느 쪽도 나를 좋아하지 않다니!

어떻게 해서 내가 모두의 미움을 받게 되었을까? 글쎄, 그것은 전혀 다른 이야기이다.

브리트니 스피어스 다음으로 인기 있는 동영상

나는 1990년대에 어느 특별한 화학 강의를 듣고 기후 변화에 대해 글자 그대로 날마다 생각해 왔다. *개먼 교수님, 감사합니다.* 기후 변화에 대해 이렇게 오래 생각하고 관련 공개 토론을 빼먹지 않고 참가했지만 늘 결론 없이 쳇바퀴 도는 모습만 보다 지친 나는 표준적인 생각의 도구 상자를 만들고 그것이 과연 사물을 명확히 볼 수 있도록 하는지 알아보기 시작했다.

의사 결정의 네모 상자

지구 온난화	행 동	
	A 지금 뜻있는 행동을 한다	B 지금은 거의 또는 전혀 행동을 하지 않는다
거짓이다		
참이다		

나는 먼저 네모를 그린 뒤 그 속에 기후 변화를 집어넣었다. 우리는 이것을 생각의 도구 상자라고 부르기로 한다. 그랬더니 기후 변화에 대한 부인할 수 없을 것 같은 답이 곧장 튀어나왔다. *이것이 바로 제1장의 내용이다.* 우리가 결론 없이 허우적거리는 것은 그것이 정말인지 아닌지를 묻는 잘못된 질문 때문이었던 것이다. 놀라운 것은 여러 불확실성에도 불구하고 그 도구 상자가 지구 온난화라는 쟁점에 대해 생각할 수 있도록 도와준다는 점이다!

나는 깜짝 놀랐다.

'아니, 왜 그동안 이런 걸 한번도 들어 보지 못했지?'

그 상자를 이용하면 어느 편을 믿을지 결정할 필요가 없었다. 그것은 논쟁을 끝내는 마법 상자와 같았다.

마법의 기계

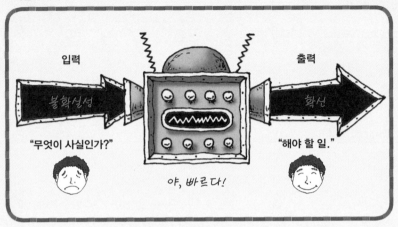

논쟁이 끝났다는 것은 내가 어느 쪽이 옳은지를 보여 줄 방법을 발견했다는 것이 아니라, 논쟁 자체가 무의미한 것임을 보여 줄 방법을 발견했다는 것이다. 위험한 지구 온난화 논쟁에서 정말 문제가 되는 것은 그것이 정말이냐 아니냐가 아니라, 그것이 정말일 경우 무엇을 해야 하는가이다.

누가 들으면 비웃을지 모르지만, 내가 이 세상에 태어난 것은 이 대답을 하기 위해서라는 생각이 들었다. 그러나 그 대답은 말로 설명하기는 어렵고 항상 종이에 그려야 했다. 그 논쟁이 본질적으로 시각적이어서 말이나 글로는 제대로 표현할 수 없었기 때문에 나는 의미 있는 대답을 말로 할 방법이 없었다. 우주에게 감사를 표한다.

2007년 우리 부부가 초고속 인터넷에 접속할 수 있게 되었을 때 나는 유튜브가 왜 그렇게 야단법석인지 내 눈으로 찾아보았고 이것이야말로 내 대답을 전파할 방법이라는 것을 깨달았다. 순식간에 수많은 사람들에게 전할 수 있는 잠재력을 지닌 시각적인 매체가 바로 유튜브였다. 그래서 2007년 봄 〈여러분이 이제껏 보지 못한 가장 무시무시한 비디오(The Most Terrifying Video You'll Ever See)〉를 유튜브에 올렸다. 비디오 제목은 내 학생들이 지었다. 내가 칠판 앞에서 지구 온난화에 대해 이야기하는 10분 짜리 비디오는 폭발적인 반응을 얻었고, 결국 브리트니 스피어스와 스케이트보드 사고 비디오 다음으로 가장 인기 있는 비디오가 되었다. 인생이란 놀라운 것이다. 안 그런가?

나는 지구 온난화 논쟁에 대한 내 생각이 완벽하다고 내심 자신했지만 인류가 한 점 오류 없이 완벽했던 가장 최근은 2000년 전이라고 생각한다. 그래서 나는 사람들에게 그 비디오에서 내 주장의 허점을 찾아보게 했다.

반응은……흠, 흠…… 활발했다. '완벽한' 내 주장에는 트럭 한 대가 지나갈 정도로 커다란 구멍이 있었다. 제1장에서 도구 상자를 만들고 나면 그것을 부수게 될 것이다. 내가 미처 깨닫지 못한 추측 하나 때문이었다. 추측이 다 그런 것 아닐까? 《은하수를 여행하는 히치하이커를 위한 안내서》의 작가 더글러스 애덤스는 "가장 나쁜 추측은 자신이 추측하고 있음을 깨닫지 못하는 것"이라고 했다.

400만 명이 보고, 8000명이 비판적인 댓글을 달았다. 나는 이렇게 활기차게 찾아낸 온갖 허점들에 대해 정말 멋진 땜질을 했다고 느꼈다. 그리고 나서 뉴스나 블로그, 주변의 잡담 등 온갖 구체적인 내용을 모아 그 도구 상자에 부었다. 그러자 정말 물샐 틈 없이 완벽해 보이는 분석을 쏟아 넣어도 나의 도구 상자는 굳건하게 이겨냈다. 또!

이제 정말 역사상 가장 큰 논쟁 가운데 하나의 답을 얻었다고 생각한 나는 잠자코 있을 수가 없었다. 그러나 비디오를 만드느라고 이미 아내와 딸들에게 함께 보내는 시간을 많이 빚지고 있었다. 한시바삐 이것을 손에서 털어내고 가족에게 돌아가야 했다. 그래서 나는 6주 동안 제대로 자지도 않고 피자와 콜라로 끼니를 때우면서 52개가 넘는 비디오 시리즈를 만들었다. 그동안 내가 찾았던 질문들, 유튜브 댓글에 올라온 반대와 우려, '하나를 빠뜨렸네요'나 '맞는 말이지만' 등에 빠짐없이 대답하려는 시도였다.

그 프로젝트우리 집에서는 그렇게 불렀다는 내 대표작, 인생 중반의 위기, 신경 쇠약, 깨달음 등이 하나로 집약된 것이었다. 즐거운 시간이었던 것처럼 들린다! 하지만 멋진 장식과 과장까지 덧붙였는데도 불구하고, 〈그 모든 것이 끝나는 법(How It All Ends)〉이라는 제목의 새 비디오는 내용상의 결점이 있는 처음 만든 동영상만큼 주목 받지 못했다. 하지만 나로서는 최소한 그 일을 내 손에서 털어낸 셈이었다.

그 후 몇 달 동안 나는 처음 비디오가 성공한 덕에 여러 단체와 방송국 등에서 연락을 받았다. 하지만 모두 거절했다. 내가 사람들의 관심을 끈 것은 분명했지만, 이 일을 완전히 털기 위한 프로젝트를 끝냈으므로 이제 아버지와 남편과 교사로 돌아가고 싶었다.

그런데 지금 나는 밤에는 잠을 자지 못하고 낮에는 가족들과 지내지 못하는 훨씬 더 많은 고생을 하면서 이 책을 쓰고 있다. 내가 그 실없는 작은 도구 상자를 가능한 많은 사람에게 알리기 위해 이렇게 애쓰는 것은 바로 기후의 파국적인 불안과 그로부터 야기될 모든 결과들이 내 자식들의 생활수준, 건강, 그리고 어쩌면 생존 자체까지 파괴해 버릴 가능성이 아주 높기 때문이다. 너무 극단적인가?

이제 출,발~

나는 정치적 좌파인 사람들을 화나게 할지도 모르는 말을 하고자 한다. 상당한 명성의 몇몇 과학자들이 내놓은 최근의 경고는 너무 긴박하다. 그렇다고 그들의 말이 사실이라는 뜻은 아니다. 단지 검토할 만하다는 말이다. 지구 온난화 문제에 대한 쟁점은 더 이상 환경에 좋다거나 지구를 구한다거나 심지어 미래 세대의 행복을 위한 것이 아니다. 내 딸들이 자라는 동안의 삶의 질에 영향을 미치는 구체적이고 즉각적인 안전 문제이다.

그러므로 이것은 궁극적으로 이기적이다. 그것은 나와 우리의 안전에 관한 문제, 미래의 공포로부터 우리를 지키는 것에 관한 문제이다. 많은 사람들은 지구 온난화를 정치적 쟁점으로 간주한다. 환경 운동가이자 정치가인 앨 고어는 그것을 윤리 문제라고 했다. 물리학자인 프리먼 다이슨은 종교적 문제(환경주의라는 세속적 종교)라고 했다. 나는 이들과 생각이 다르다.

내 생각에 이것은 간단하고 단순하다. 안전 문제이다. 이제 더 이상 지구를 구하는 것이 아니라 우리의 식량을 구해야 하는 문제이다. 이 문제를 조사하면서, 갑작스럽고 돌이킬 수 없는 심각한 기후 문제 때문에 현대 문명이 붕괴된다면, 내 딸과 손자들에게 먹을 수 있는 물을 주기 위해 총을 들고 다른 사람의 물을 뺏어야 할지도 모른다는 생각이 들었다. 그럴 것 같지 않지만 가능성이 없는 것도 아니다. 만약 그래야 한다면 나는 그렇게 하겠지만, 정말이지 그러고 싶지 않다.

그동안은 세상을 구하는 일에 관심을 가졌지만, 이제는 단지 내 딸들을 안전하게 지키고 싶을 뿐이다. 나는 그 악몽 같은 시나리오에서 작은 불행의 씨앗이라도 제거하기 위해 이성적으로 할 수 있는 것은 무엇이든 할 것이다. 하나 더, 이 책은 자신의 안전을 지키고 나아가 세상을 구하려는 내 이기적인 시도이다. 그러므로 내가 이 책을 쓰는 것은 환경적이거나 미학적인 것이 아니라 실용적인 이유에서이다.

나는 이 책을 들고 있는 바로 당신이 미래의 당신과 당신의 자식들이 행복하게 살 수 있는 세상을 만들기 위해 밖으로 나가 행동하기를 바라면서 이 책을 쓰고 있다. 그러니까 나도 내 나름의 목적이 있어 여러분을 조종하려고 애쓰고 있는 셈이다. 조금이나마 위안이 될지 모르지만 그렇게 해서 여러분과 여러분 가족의 미래도 나아지리라고 믿는다.

이 책에서 다룰 이야기를 정리하면 다음과 같다.

- 우리 시대의 가장 큰 문제, 복잡하면서 곧 다가올 수도 있는 인류 멸망의 시나리오에 대해 전문가들이 상반된 의견을 내놓을 때 난처해지는 일반인은 어떻게 해야 하는지 알려 주는 쉬우면서 강력한 도구 몇 가지.

- 결론이 나지 않는 불확실한 것을 다루더라도 확신 있는 자신의 결론을 내리게 해 주는 여러 가지 시험을 거친 방법. 가능한 대로 그들 양쪽의 도구를 제시한 뒤 내가 그 도구를 사용해 결론을 얻는 방법을 보여 줌으로써 그 사용법을 설명한다. 뒷부분에 여러분이 직접 해 볼 수 있는 페이지를 마련했다. 직접 해 본다면 여러분 스스로의 결론에 도달할 것이다.

- 여러분이 내린 결론이 내 결론과 일치할 경우 그 결론을 행동으로 옮기는 방법. 여기에 제시되는 행동은 놀라울 정도로 쉽고, 매우 강력하며, 엄청 포괄적이고, 또한 여러분의 생활에 맞추어져 있다. 이 행동들은 절전용 전구를 구입하는 것과는 전혀 상관없는 일이다.

- 내가 놓친 사실이 있거나 제대로 알지 못하고 추측한다고 생각하는 부분이 있다면

www.gregcraven.org에서 내게 직접 이야기할 수 있다. 내가 틀린 것을 발견할 때마다 나는 참에 더욱 가까워지고 있음을 알게 된다. 하지만 거기에 이르는 데는 시간이 걸린다. 그리고 여러분이 이 책을 통해 이끌어낸 결론을 가지고 다른 사람들과 토론을 할 수도 있다. 그 토론은 온라인에서 흔히 이루어지는 뜨거운 논쟁과는 전혀 다를 것이다.

• 추가 비용 없는 보너스! 지구 온난화에 관한 특정 정보는 빠르게 변화하겠지만 이 책을 읽는 동안 지구의 종말이 쉬소되거나 어쩌면 여러분이 벌써 물속에 잠겼을지도 모른다. 이 책에서 제시하는 생각의 도구 상자는 결코 시대에 뒤떨어지지 않는다. 여러분이 대면하게 되는 어떤 어려운 결정에도 적용할 수 있으며, 특히 기후 변화 문제에 있어, 무엇인가를 반드시 해야 하는가에서 정확히 무엇을 해야 하는가로 전환될 때도 유용하다.

• 환경 문제에 대한 전혀 다른 접근. 회의적인 환경주의자라는 말을 들어 본 적이 있는가? 나는 녹색 현실주의자이다. 왜냐하면 지구는 잊어버리고 우리를 구하자는 것이기 때문이다. 어디서도 보지 못할 주장이다!

자, 그럼 준비가 되었는가?

Part 01

네모 상자 속에 지구를 담다

근사한 내기를 할 때
누가 옳은지는 상관없다

자, 여러분이 이 책을 읽기로 결정했으니 먼저 숙제를 하나 내겠다. *벌써*
신음 소리가 들린다. 그렇지만 나는 고등학교 교사이고 그런 것에 익숙하다. 중
요해질 문제이므로 미루지 말기 바란다.

이제부터 다룰 주제는 지구 온난화이다. 우리는 지구 온난화를 '인간
이 석탄과 석유를 연소시켜 대기에 이산화탄소가 많이 배출됨으로써
지구가 따뜻해지고 그것이 우리에게 해로울 것'이라는 뜻으로 사용한
다. 인류에 대한 언급 없이 다만 '지구가 따뜻해지고 있다'거나 '인간이
지구를 따뜻하게 만들고 있지만 전체적으로 좋은 결과로 이어질 것'이
라는 식의 이야기도 있다. 그러나 나는 앞으로 우리의 목적을 위해 '인
류가 화석 연료를 연소시켜 지구를 엉망으로 만들고 있다'는 가장 논란
이 많은 뜻을 사용할 것이다. 다시 말하면 '인류가 야기한 위험스러운

지구 온난화'―또는 전문 용어로 '인류 발생의 위험한 지구 온난화'―가 되겠지만, 읽기 거북하므로 이 책에서는 그냥 지구 온난화라고 하겠다.

숙제는 바로 이것이다. 이제 본격적으로 이 책을 읽기 전에 잠시 멈추고 지구 온난화에 대한 여러분의 생각을 정리해 보기 바란다. 아마 둘 중 하나일 것이다. 역사상 가장 쓸데없는 문제로 비관론자들의 손아귀에 놀아나고 있다고 생각하거나, 인류 역사상 가장 커다란 위협이며 그것들과 싸우기 위해 가능한 대로 빨리 모든 노력을 기울여야 한다거나. 어쩌면 그 둘 사이에서 어느 한쪽에 약간 기울어져 있을지도 모른다.

그래서 여러분이 대답할 질문은 바로 이것이다. 여러분의 생각을 바꾸려면 무엇이 필요할까?

여러분의 마음을 바꾸기 위해서는?

지구 온난화가 과장된 것이라고 생각한다면……	지구 온난화를 걱정하고 무엇인가 해야 한다고 생각한다면……
지구 온난화를 막기 위해 지금 당장 행동해야 한다고 믿으려면 무엇이 필요한가?	지구 온난화에 대해 아무것도 할 필요가 없다고 믿으려면 무엇이 필요한가?

시간을 조금만 내서 여러분의 생각을 바꿀 만한 조건을 생각해 보자. 그리고 생각한 것을 이 책의 여백에 적어 보자. 이것은 대단히 중요한 훈련이다. 나는 내 마음이 어떻게 바뀔지에 대해 눈치조차 채지 못하면 내가 전혀 생각을 하고 있지 않다는 것을 발견했다. 그저 현재의 믿음을 유지하려고 할 뿐이다. 그리고 아직 완전하지 못하기 때문이겠지만 때때로 잘못된 이해로부터 행동하는 바람에 실수를 저지르기도 한다. 오류는 빨리 발견하는 것이 낫다.

게다가 여러분이 마음을 바꿀 수 있는 조건을 생각하지 못한다면 이 책을 읽느라고 시간을 낭비할 필요가 없다. 여러분의 최종 의견이 무엇인지 이미 알고 있기 때문에—그 생각을 바꿀 방법을 상상할 수 없기 때문에—이 책에서 찾을 것은 전혀 없다. 이 책을 내려놓고 재미있는 다른 것을 하는 편이 나을 것이다.

그러므로 계속 읽기 전에 여러분의 마음을 바꿀 수 있는 조건을 적어 보라. 옆 사람 것을 봐서는 안 된다.

네모 상자 = 생각의 도구 상자

벌써 숙제를 다 했나? 지구 온난화에 대한 논쟁의 양편은 어찌나 갈라져 있는지 같은 행성에 있는 것처럼 보이지 않을 정도다. 우리는 지구 온난화 전문가의 도움을 얻거나 전문 용어로 가득 찬 과학 문헌을 뒤적거리는 시간과 노력을 들이지 않고도 이 혼란을 자세히 살펴볼 방법이 필요하다.

먼저 '진실은 중간 어디쯤 있을 것'이라고 하면 어떨까? 그렇게 말하는 것이 효과가 있기도 하지만, 과학에서 두 가지 설명이 있다면 그중 하나가 진실에 가까울 가능성이 높다. 그리고 이처럼 중요하고 커다란 문제에서는 상투적인 표현 그 이상의 것이 필요하다.

만약 당신이 "지구 온난화는 미국의 농업을 완전히 파괴할 정도로 생태계의 재앙을 초래할 것"이라는 어느 지식인의 말을 듣고 두려움을 느꼈다고 하자. 하지만 곧 "CO_2의 증가가 기온 상승의 원인이라는 것조차 아직 입증되어 있지 않다"는 다른 지식인의 말에 다시 평정을 찾는다. 이처럼 왔다 갔다 하더라도 한 가지 명심할 것이 있다. 똑똑한 사람이라고 해서 모든 것을 알고 있는 것은 아니라는 점이다. 우리는 모두 인간이고 그래서 실수를 저지른다. *사실 제3장에서는 여러분과 나를 비롯해 우리 모두가 어떤 경향이 있는 뇌를 가지고 있는지 살펴본다.* 그러므로 아무리 똑똑해 보이는 사람이 한 말이라도 그의 말을 믿을 수 없다면 어떻게 할 것인가?

바로 거기에 마법의 기계가 등장한다. 그것이 있으면 확실한 결론을 기다리지 않아도 되고, 지금 바로 미래의 여러 가능성에 대해 생각해 봄으로써 판단을 내릴 수 있다. 즉 여러분은 항상 틀릴 가능성이 있으므로 이 마법의 기계를 이용해 예상 가능한 결과를 비교해 보고 나서 어떤 위험을 감수할 것인지 결정하는 것이 유리하다. 이런 과정은 현명하게도 '어느 쪽을 믿을 것이냐'는 물음을 '무엇을 할 것이냐'는 물음으로 바꾸어 준다.

현실 세계는 우리의 믿음에 영향을 받지 않고 우리의 행동에 대해서만 반응한다. 그래서 도구 상자는 여러분에게 누가 옳으냐가 아니라 위험과 결과를 감안해 우리가 해야 할 가장 현명한 일은 무엇인지를 질문하게 한다.

그 작용 방식은 다음과 같다.

생각의 도구 상자의 첫째 요인은 지구 온난화가 실재하느냐 아니냐는 것이다. 그래서 우리는 각각의 가능성에 따라 참과 거짓의 가로 두 줄을 만든다. 우리는 아무도 완벽하지 않다는 전제 아래 이 두 가지 가능성을 인정함으로써 지구가 따뜻해지고 있는지, 지구를 뜨겁게 만든 것이 우리인지 등의 논쟁을 피할 수 있다. 구체적으로 지구가 어떻게 될지 완벽하게 예측할 수 있는 사람은 아무도 없으며, 이성적인 사람이라면 자신이 잘못 생각하고 있을지도 모른다는 점을 인정해야 한다. 그러므로 공포에 사로잡힌 사회 운동가나 가장 굳건한 회의론자 모두 지구 온난화가 거짓이거나 참이라는 두 가지 가능성이 있음을 인정한다.

우리 모두가 본인이 틀릴지도 모른다고 인정하는 것이야말로 논쟁의 초점을 누가 옳으냐 하는 것에서 가장 먼저 해야 할 일이 무엇이냐로 바꾸게 한다. 그리고 이것이 바로 논쟁의 진흙탕에서 벗어날 수 있는 방법이다. *만세!* 결국 우리는 미래에 분명한 확신을 가질 수 없으며, 따라서 내가 틀릴 수도 있다고 생각하면서 판단하는 것이 제2안을 마련하는 데 도움이 된다.

또 하나의 요인은 지금 우리가 뜻있는 행동을 할 것이냐는 것이다. *정확하게 어떤 행동을 의미하는거는 제5장에서 다루게 된다. 지금은 '이산화탄소 배출의 감축' 정도로 생각하자.* 여기에서는 지금 뜻있는 행동을 하는 A와 거의 또는 전혀 행동하지 않는 B가 있다. 첫 번째와 두 번째 요인을 종합해서 표로 만들면 우리는 네 개의 서로 다른 미래의 시나리오를 얻게 된다. 이것으로 지금 우리가 선택하는 것의 결과를 예측하면서 비교도 할 수 있다. 그러면 우리는 어떤 위험을 감수할 것인지 결정할 수 있다.

의사 결정의 도구 상자

지구 온난화	행 동	
	A 지금 뜻있는 행동을 한다	B 지금은 거의 또는 전혀 행동을 하지 않는다
거짓이다	①	②
참이다	③	④

각각의 미래는 어떤 모습일까?

①은 우리가 뜻있는 행동을 했고 지구 온난화가 일어나지 않은 경우이다. 그것은 우리의 실수를 나타낸다. 그 결과는 무엇일까? 대체로 경제적 낭비와 자유의 감소(소비자의 새로운 선택에 대한 제한, 엄격해지는 토지 이용 법령 등)일 것이다. 이것은 바로 세금 증가, 억압적인 규제, 비대해지는 정부 등 회의론자들이 우리에게 경고하는 바로 그 내용이다.

지구 온난화	행 동	
	A 지금 뜻있는 행동을 한다	B 지금은 거의 또는 전혀 행동을 하지 않는다
거짓이다	① 전 세계의 공황 	②
참이다	③	④

좀 더 극단적으로 생각해 보자. 우리가 행동을 했는데 그럴 필요가 없었을 경우 일어날 수 있는 가장 나쁜 상황은 무엇일까? 먼저 엄격한 규제와 무분별한 재정 지출로 인해 대량 실업과 미국 달러화의 파멸이 올 수 있다. 그리고 국제 금융 체계를 파괴하는 심각한 불황이 지속될 수도 있다. 어쩌면 전 세계를 1930년대보다 더 심각한 대공황에 빠뜨릴지도 모른다. 이 칸은 찌푸린 얼굴로 나타낼 만하다.

②는 우리가 행동하지 않았고 그럴 필요가 없었던 미래이다. 우리는 올바른 결정을 내렸고 모든 사람이 기뻐한다. 회의론자는 그들이 옳았

기 때문에, 사회 운동가들은 세상의 종말이 일어나지 않았기 때문에 행복하다. 우리는 별다른 경제적 손실 없이 계속적인 번영을 누린다.

지구 온난화	행 동	
	A 지금 뜻있는 행동을 한다	B 지금은 거의 또는 전혀 행동을 하지 않는다
거짓이다	① 전 세계의 공황	② 파티!
참이다	③	④

③은 우리가 행동한 미래이며, 비관론자가 옳았기 때문에 잘한 결과가 되었다. 탄소의 증가는 세계를 혼란에 빠뜨렸지만 우리가 올바른 결정을 함으로써 종말을 막았다. 그래서 올바른 선택이었음이 밝혀진 것이다. 우리가 행동을 해서 떠안게 된 경제적 부담이 있지만, 현대의 금융 체제가 자신감과 심리에 많은 영향을 받기 때문에 2008년 10월의 금융 위기 때 투자가들의 공포로 주식 시장이 얼마나 요동쳤는지 기억하는가? 그 시스템은 파괴되지 않았으며, 사람들은 그 지출을 가치 있는 것으로 생각했다. 사람들은 제2차 세계대전 동안 배급에 불만을 가졌을지 모르지만, 결국은 모두 그럴 만한 가치가 있었다는 데 동의했다. 사실 제2차 세계대전 동안 이루어진 직물의 배급으로 인해 비키니가 발명되었다! 필요는 발명의 어머니라는 말이 맞는 셈이다. 그러므로 상당한 비용이 들었더라도, 그 칸에는 중립적인 얼굴을 넣기로 하자. 그보다 훨씬 나빠질 수도 있는 일

이었으니까.

마지막으로 ④가 남는다. 이것은 비관론자의 말이 맞았지만 우리가 제때 행동하지 않았을 경우이다. 이것은 우리 도구 상자에서 나타날 수 있는 두 번째 실수이다. 이 경우 6미터 이상 상승하는 해수면, 가뭄, 폭풍우, 홍수, 기아, 전염병 등 비관론자들이 말하는 온갖 재앙으로 전 세계 경제의 붕괴가 현실화된다. 기타 등등, 기타 등등. 앨 고어조차 나쁜 소식을 은폐하는 너무 낙관적이고 용기 없는 사람처럼 여겨진다. 정말이지 얼굴을 찌푸리지 않을 수 없다.

그런데 ④의 경제적 파멸은 ①에서 언급한 경제적 파멸의 모든 경우의 수에 온갖 자연 재해까지 더해질 것이기 때문에, 찌푸린 표정을 완전히 찡그린 얼굴로 강화시키는 것이 적절할 듯하다.

	행 동	
지구 온난화	A 지금 뜻있는 행동을 한다	B 지금은 거의 또는 전혀 행동을 하지 않는다
거짓이다	① 전 세계의 공황	② 파티!
참이다	③ 경제적 비용, 규제 증가 그러나 가치 있는 일이었다!	④

지구 온난화	행 동	
	A 지금 뜻있는 행동을 한다	B 지금은 거의 또는 전혀 행동을 하지 않는다
거짓이다	① 전 세계의 공황	② 파티!
참이다	③ 경제적 비용, 규제 증가 그러나 가치 있는 일이었다!	④ 전 세계의 파국 (경제 · 사회 · 정치 · 보건 · 환경 등)

전 지구가 상금인 복권

이것은 매우 단순화된 것이다. 하지만 대략적으로 살펴보는 데는 유용할 수 있으며, 우리의 미래는 대략 이들 네 가지 시나리오 가운데 하나가 될 것이라고 생각할 수 있다.

도구 상자를 만들어 미래의 모습을 예측할 때 '가로줄 사고'와 '세로줄 사고'를 구분하는 것이 유용할지 모른다. 우리는 지구 온난화에 관한 격론에서 미래에 온난화가 일어날지 말지를 예측하는 데 집착해 왔다. '종말론적인 예측이 사실일까?' '과연 어느 가로줄이 올바른 것일까?' 이것이 바로 수렁에 빠져 있던 문제들이다.

하지만 물리적인 세계에 관한 완전한 진실은 결코 알지 못할 것이다. 우리는 여전히 중력의 법칙을 공부하고 있다. 그것에 대해서는 제2장에서 다룬다. 미래가 어떤 모습이 될지 미래가 되기 전까지는 확실히 알 수 없다. 다만 우리의 행동은 선택할 수 있는 것이므로 미래가 어느 세로줄이 될 것이냐는 확실히 알 수 있다. 가로줄의 예상 결과는 우리가 제어할 수 없는 물리 법칙에 의존하기 때문에 우리는 미래를 예상할 수밖에 없다. 그러나 세로줄의 예상 결과는 우리가 선택한 행동에 따라 달라지기 때문에 우리는 미래를 선택할 수 있다. 이를 좀더 정확하게 말하자면 일정 수준의 지식을 토대로 하는 추측이다. 하지만 본질적으로 우리는 여전히 미래를 짐작하려고 노력한다. 훨씬 나은 것처럼 들리지 않는가?

도구 상자를 사용하면서 여러분은 자신이 잃어버렸다고 느꼈을 수도 있는 힘을 되찾게 된다. 그것은 바로 결론이 나지 않는 아주 엉망인 상태에 덩그러니 서 있던 보통 사람이 결국 두 손을 들고 그 일에 대해 더이상 신경 쓰지 않게 되어 버리는 것과 같다. 혼자 서 있던 보통 사람의 생각은 여러분도 쉽게 짐작할 수 있을 것이다. '전문가들도 결론을 못내고 서로 다른 이야기를 하는데 내가 어떻게 결론을 내릴 수 있겠어?'

그러나 이 사고의 도구 상자는 지구 온난화가 정말 문제될 것인가—현재로서 우리는 그것이 일어날지 결코 알 수 없다—라는 물음을 훨씬 접근 가능한, 주어진 위험과 불확실성을 감안해서 무엇이 가장 바람직할까 하는 물음으로 바꾸어 준다. 그래서 우리는 안도의 한숨을 내쉴 수 있다. 그것은 박사 학위가 없는 우리도 답할 수 있는 질문이다.

이는 복권을 구입하는 것과 비슷하다. 이 복권은 지구에 살고 있는 한 의무적으로 반드시 사야 하지만 선택은 할 수 있다. 오늘 우리는 각각 다른 시나리오인 복권 A와 복권 B를 고른다. 이것은 미래의 시나리오를 우리가 세로줄로 만들어 놓은 두 가지 선택으로 좁혀 준다. 그런 다음 어느 복권이 맞을지 즉, 어느 가로줄로 끝나게 되는지를 기다린다. "죄송합니다. 다음 기회에……" 첫!

여러분은 어느 복권을 선택하겠는가

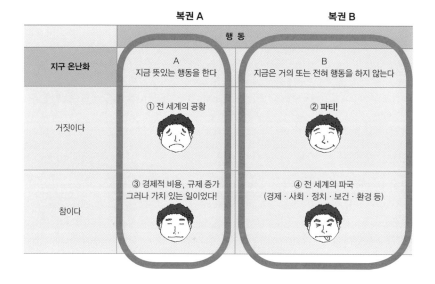

아마 눈치 채지 못했겠지만 우리는 무의식적으로 이 같은 사고 방법을 사용한다. 알려지지 않은 미래의 결과를 추측하고 끊임없이 선택하는 것이다. 예컨대 여러분이 하루 종일 온갖 재료를 넣은 쇠고기 샌드위치를 만들어 먹어야겠다고 생각했다 치자. 그런데 집에 돌아와 보니 마요네즈가 냉장고가 아닌 식탁에 놓여 있다. 자, 샌드위치에 마요네즈를 넣을 것인가 말 것인가? 생각의 도구 상자 속, 각 칸에 예상할 수 있는 미래의 시나리오(대가와 이점)를 적어 보자.

여러분은 마요네즈가 상할 가능성과 코를 킁킁거린다. 샌드위치에 대한 기대감을 그 슬픈 표정에는 얼마나 큰 실망감이 깃들어 있을 것인가? 비교해 본다.

여러분은 자동차를 탈 때마다 안전벨트를 맬 것인지에 대해서도 무의식적인 결정을 내린다. 자신은 의식하지 않을지 모르지만, 그렇게 하지 않았을 때의 대가와 그렇게 하는 것의 이점을 재빨리 견주어 보는 것이다.

여러분이 이런 도구 상자를 몇 번만 다루어 보면, 그것이 두 가지 서로 다른 결과를 비교하면서 어떤 위험을 감수할지를 결정하는 일임을 알아차리게 될 것이다. 즉 그럴 필요가 없었는데 행동한 경우(안전벨트의 예에서 ①번) 또는 그럴 필요가 있었는데 행동하지 않은 경우(④번)를 비교하고 판단하는 것이다.

마요네즈의 도구 상자

마요네즈가 상했다	행 동: 먹을 것인가?	
	A 그렇다	B 아니다
거짓이다	① 맛있다	② 실망
참이다	③ 퉤퉤!	④ 실망

안전벨트의 도구 상자

사고가 난다	행 동: 안전벨트를 맬 것인가?	
	A 그렇다	B 아니다
거짓이다	① 안전벨트를 매는 것이 번거롭다. 쓸데없었음이 드러난다.	② 안전벨트를 매는 시간 3초를 아꼈다. 아주 조금 기분이 좋다.
참이다	③ 안전벨트를 매는 것이 번거롭지만 너무 다행이다!	④ 생각해 보면 안전벨트를 매는 번거로움은 사소한 것이었다.

그래서 누구 말이 맞는 거야?

지구 온난화에 관한 도구 상자를 다시 살펴보면, 복권 선택은 아주 분명해 보인다. 도구 상자에서 행복한 표정을 짓고 있는 것은 두 번째 칸밖에 없기 때문에 우리는 분명 그것을 선택하려고 할 것이다. 하지만 미소를 짓는 표정이 들어 있는 복권을 선택하면 그 아래 받아들일 수 없는 위험도 함께 따라온다. *지구가 없어지고 나면 아무것도 할 수 없다.* 특히 그 심각한 결과를 비교적 온화한 복권 A와 비교해 보면 더욱 그렇다. 물론 전 지구적인 대공황의 위험도 무시할 수 없지만, 자연의 재앙과 전염병, 자원 전쟁 등 지구의 파국보다는 낫다.

다시 복권이다.

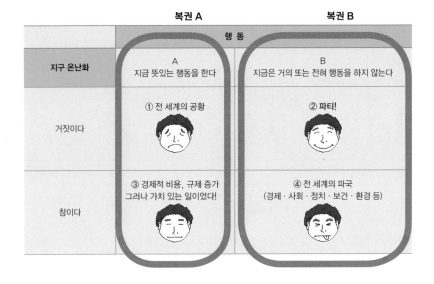

	복권 A	복권 B
	행 동	
지구 온난화	A 지금 뜻있는 행동을 한다	B 지금은 거의 또는 전혀 행동을 하지 않는다
거짓이다	① 전 세계의 공황	② 파티!
참이다	③ 경제적 비용, 규제 증가 그러나 가치 있는 일이었다!	④ 전 세계의 파국 (경제 · 사회 · 정치 · 보건 · 환경 등)

이렇게 볼 때, 행동하는 것과 하지 않는 것 사이에 어느 편이 더 위험할까 하는 물음에는 답하기 쉽다. 이성적으로 판단하면 분명 세로줄 A를 선택할 것이다. 하지만 그것은 정말로 도박을 하는 것과 같으며, 세로줄 B를 선택하는 것은 전 세계를 내기에 거는 셈이다. 누가 그렇게 하고 싶을까? 수업 중에 학생들과 함께 이 도구 상자를 개발하면서 그것이 내기를 거는 것과 마찬가지라는 것을 깨달았고 학생들은 해 보자고 했다. 타니아라는 여학생이 먼저 세로줄 B를 골랐다. 나는 동전을 던졌고, 타니아는 ④번에 당첨 되었다. 그러자 다른 학생이 해 보겠노라 나섰지만, 그 내기에서는 한 번 지면 다시는 기회가 없었다. 타니아가 세상을 멸망시켰으므로 어느 누구도 내기를 다시 할 수 없었던 것이다. 그날 온종일 "타니아, 대단했어!" 하는 말이 들렸다.

내가 처음 만든 비디오는 결론을 이끌어내는 부분에서 무의식적인 추측으로 비디오가 끝난다는 문제가 있었다. 하지만 도구 상자를 좀 더 다루다 보면 아무리 우스꽝스럽고 비용이 높은 선택이라도 도구 상자

가 잠재적 위협에 대응해 행동을 촉구한다는 점을 알게 될 것이다. 지구
온난화 대신 위험천만한 다른 것을 넣어 보아도 그 도구 상자는 똑같은
결론, 즉 그 위협을 멈추기 위해 가능한 모든 노력을 기울여야 한다는
결론에 이르게 된다. 심지어 그것이 돌연변이를 일으킨 거대한 우주 햄
스터라도 그렇다. *그래, 여러분도 아주 웃기는 시나리오를 생각해 보라. 재미
있다!* 햄스터의 먹이가 될 가능성을 고려하느니 발 디딜 틈 없이 쥐덫을
놓느라고 파산하는 편이 낫다.

　어느 경우든 일어날 수 있는 최악의 상황은 무엇인가? 어떤 행동이라
도 하는 것이 아무것도 하지 않는 편보다 낫다. 그 햄스터의 모습을 보라!

　내가 만든 〈여러분이 이제껏 보지 못한 가장 무시무시한 비디오〉를 본
사람들이 나의 도구 상자에 트럭 한 대가 지나갈 수 있을 정도로 아주 큰
구멍을 낸 뒤, 한 가지 사실을 깨달았다. 나는 파국적인 지구 온난화의 가
능성이 돌연변이를 일으킨 거대한 우주 햄스터보다 훨씬 더 믿을 만하다
고 추측했던 것이다. 그러나 모든 사람이 이에 동의하는 것은 아니었다.

도구 상자의 착상을 깨뜨리는 방법

우주 햄스터	행 동: 안전벨트를 맬 것인가?	
	A 지금 뜻있는 행동을 한다	B 지금은 거의 또는 전혀 행동을 하지 않는다
거짓이다	① 경제적 비용 	② 현상 유지
참이다	③ 경제적 비용 그러나 위기에서 벗어났다! 	④ 햄스터의 먹이

④를 보면 재난의 위협이 있는 한 행동해야 한다고 결론을 낼 것이다. 모든 사람은 미래를 확실히 알 수 없다는 점을 인정해야 한다. 그런 돌연변이 햄스터가 존재하지 않는다고 누가 확실히 말할 수 있을까? 그러므로 우리는 인식 가능한 모든 위협에 대응하느라고 파산해 버린다. 사실 비디오를 본 사람들 가운데 적지 않은 사람이 낯더러 집 밖에 나오면 안 되는 거 아니냐고 말했다. 도구 상자에 의하면 번개에 맞을 위험을 감수하느니 집에 있는 편이 낫다는 것이었다. 내 걱정을 해 준 그들에게 감사의 인사를 전한다. 그리고 그런 도구 상자를 사용하는 것은 분명 무의미하다.

우리가 이렇게 하는 동안 지구 온난화에 관한 도구 상자의 재난 시나리오가 정말 그렇게 참혹해질지도 알 수 없는 일이다. 어쩌면 ④에 찡그린 얼굴로 표현된 세계가 그리 나쁘지 않거나, 어쩌면 단지 약간의 변화가 있는 것인지도 모른다. 어쩌면 곡물 재배 기간의 연장, 겨울철 동사자 감소 등 심지어 긍정적일 수도 있다. 어쩌면 찡그린 표정으로 나타낸 ①의 결과가 실제로는 미국의 에너지 독립(더 이상 전 세계의 석유를 보호하기 위한 경찰 역할을 할 필요가 없다), 재생 가능한 에너지 기술을 중국의 새로운 중산층에게 판매함으로써 얻는 막대한 수익(우리가 초기 채택자인 덕분이다), 에너지 기반 시설이 분산되면서 테러의 위험도 줄어 국토의 안전성이 더욱 확보될 수도 있다. 이대로라면 파티라도 열어야 될 것 같다!

또는 바람직한 시나리오라고 생각했던 것이 별로일 수도 있다. 지구 온난화가 사실로 드러나지만, 이에 대비했던 행동이 아무 효과가 없는 바람에 ③의 중립적인 표정이 심하게 일그러질지도 모른다. 기후의 변화로 인해 지구가 파국을 맞더라도 그것에 대응할 수 없을 정도로 파산 상태에 직면하기 때문이다. 또는 ②도 웃음 표시와 반대로 불행한 상황일지도 모른다. 온난화가 일어나지 않았고 경제적 파탄도 없지만 어쨌든 화석 연료는 곧 동날 것이고, 미국은 일찍부터 대체 에너지의 기반 시설을 개발한 멕시코와 캐나다로부터 태양열과 수력 에너지 대부분을 수입하게 될 것이다. 만약 여러분이 '그래도 앞으로 500년 동안 사용할 정도의 석탄이 있다'고 생각한다면 콜로라도 대학의 물리학 교수 앨버트 A. 바틀릿이 만든 비디오를 보라고 추천한다. 게다가 인구 증가도 ②의 파티를 망치게 될 요소이다.

그러므로 마법의 도구 기계도 우리에게 그다지 도움이 되지 않은 것 같다. 그럼…… 다시 말하지만 왜 이 책을 읽고 있는가? 제0장의 차트를 볼 것.

지구 온난화에 관한 나만의 결론

〈여러분이 이제껏 보지 못한 가장 무시무시한 비디오〉가 유튜브에 오른 뒤 나는 비판적인 이야기들을 듣게 되었다. 하지만 그것은 좋은 일이다. 내 생각의 허점을 찾아내고 고칠 방법을 궁리함으로써 그 생각을 발전시켜 나갈 수 있기 때문이다.

도구 상자가 의도한 것은 '올바른 답은 무엇인가'에서 '가장 훌륭한 내기처럼 보이는 것이 무엇인가'로 질문을 바꾸는 일이었고 이를 통해 결정을 내리기 전에 완벽한 대답을 기다리느라 생기는 공백 상태를 깨뜨리려는 것이었다. 하지만 현재의 도구 상자는 예상되는 모든 위협에 대해 과감한 행동을 주장할 것이기 때문에, 현재 진행형의 마비 상태는 깨뜨릴 수 없다.

하지만 도구 상자는 우리가 개연성을 고려할 때 상대적으로 분명한 대답을 마련해 줄 수 있다. 위 가로줄이 아래보다 일어날 가능성이 크다면 윗 줄의 크기를 넓힌다. 그러면 ②의 웃는 얼굴이 훨씬 부각된다. 예컨대 돌연변이를 일으킨 거대한 우주 햄스터가 실존할 가능성이 극히 적다는 훨씬 이성적인 평가를 내리게 된다.

여러분이 방금 깨뜨린 도구 상자를 고치는 방법

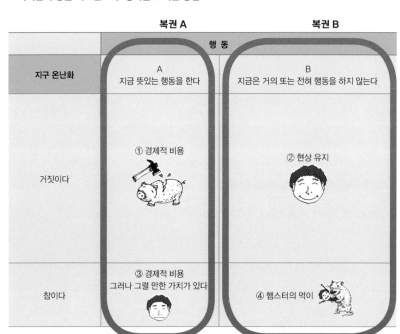

지구 온난화	복권 A	복권 B
	행 동	
	A 지금 뜻있는 행동을 한다	B 지금은 거의 또는 전혀 행동을 하지 않는다
거짓이다	① 경제적 비용	② 현상 유지
참이다	③ 경제적 비용 그러나 그럴 만한 가치가 있다	④ 햄스터의 먹이

우리가 칸의 크기를 조정해 돌연변이를 일으킨 거대한 우주 햄스터가 실존할 가능성을 도구 상자에 반영하면, 생각의 도구 상자는 다시 상식적인 선에서 대답을 해 준다. 즉 햄스터의 침략이라는 있을 법하지 않은 일에 대비하느라고 많은 비용을 쓸 필요가 없다는 것이다.

그리고 앞서 지구 온난화에 대한 생각의 도구 상자에서 보았다시피, 상대적 가능성이 똑같아 간단히 동전을 던져 결정할 문제라도 어느 세로줄의 결과가 다른 세로줄의 결과보다 훨씬 나쁘다면 더 나은 쪽에 내기를 걸 수 있다. 게임 이론이나 통계학에서의 기댓값 함수들 그리고 모든 중간적인 경우들을 평가하는 수학적 방법들이 있다. 하지만 이 정도는 교과서, 그리고 포털 사이트 지식인에게 맡겨 두기로 하자.

우리가 어느 세로줄이 바람직한지 판단하려면 두 가지 요인이 필요하다.

- 가로줄의 **가능성**(개연성)
- 도구의 **내용**(결과 또는 위험)

하지만 우리가 이 내용을 판단하려면 지식인이나 전문가의 은혜를 입어야 할 것 같다. 내용을 모르고 어떻게 가능성이 무엇인지 짐작할 수 있겠는가? 격렬한 논쟁을 피하게 해 주겠다는 내 약속은 사라지고, 여러분을 다시 논쟁으로 집어넣는 것 같다.

그렇다, 바로 그것이다. 하지만 여러분은 그 속으로 들어가기 전에 먼저 생각을 정리하는 데 도움이 될 다음과 같은 특별한 도구를 갖추게될 것이며, 그 생각을 토대로 효과적인 도구 상자를 만들 수 있다.

- 가로줄에서 일어날 수 있는 여러 가지 가능성에 대한 우려를 진정시킬 수 있는 **과학의 본질**에 대한 이해.
- **무지와 추측이 만들어 내는 온갖 사악한 덫**을 피할 수 있게 해 줄 지식. 유비무환!
- 여러분이 듣게 될 **상대적 신뢰성**을 평가해 서로 상충되는 부분을 알 수 있는 방법.

나는 이 도구들 덕분에 지구 온난화에 관해 쏟아져 나오는 수많은 견해, 참고 문헌, 연구, 청원, 블로그 등에 압도되지 않을 수 있었다. 이들 도구로 무장하면 여러분은 자신감을 갖고 논쟁 속에 들어가 가로줄의 가능성과 예상되는 내용 등 원하는 것을 가지고 나올 수 있다. 그럼 '지금 당장 선택해야 할 가장 타당하고 유용한 방법은 무엇일까' 하는 질문에 자신 있게 대답할 수 있을 것이고, 확실성이 아니라 단지 상대적 가능성이 필요하다는 사실을 깨닫게 될 것이다. 이렇게 된다면 그 도구 상자는 여러분에게 자신감을 줄 수 있다.

이 책의 나머지 부분은 여러분에게 이들 도구를 소개함으로써, 논쟁에 직면할 때 내 결론에 의지할 필요 없이 여러분 자신의 결론을 이끌어 낼 수 있게 한다. 제0장에서 언급한 바와 같이 내가 어떻게 결론에 이르렀는지 보여 주겠지만, 궁극적인 목표는 여러분이 그 도구를 사용해 여러분 자신의 결론을 이끌어 내도록 하는 것이다. 그러므로 마지막 장은 여러분이 직접 해 볼 수 있는 본보기이다. 숙제 같은 것이지만, 점수를 매기는 것은 아니다. 아니, 이 말은 내가 점수를 매기는 것은 아니라는 뜻이다. 이 세상이 우리 모두를 위해 점수를 매길 것이라 생각한다.

여러분의 시간을 절약하기 위해 이 책의 뒤쪽에는 논쟁의 양쪽 주장을 다루고 있다. 정보를 얻기 위해서는 다른 곳도 찾아볼 것을 권한다. 내가 공정하게 제시한다고 믿지 말라. 여러분은 나를 알지 못한다. 내가 수상한 사람인 거도 모른다.

이 책을 읽는 동안 아주 중요한, 그래서 항상 명심해야 할 것이 하나 있다. 바로 어느 편이 옳은지 짐작하려고 끊임없이 애쓰는 자신을 발견하리라는 사실이다. 하지만 이제 더 이상 누가 옳은지는 알 필요가 없고, 훌륭한 내기를 하려면 어디에 걸어야 하는지만 알면 된다. 그래서 나는 이 책의 책장을 넘길 때마다 맨 위의 여백에 붉은색 펜으로 다음과 같은 말을 쓰기를 권한다.

근사한 내기를 할 때, 누가 옳은지는 상관 없다.

인생은 복잡하고 모호하며, 우리는 모두 무엇이 옳고 정당한지 알고 싶다. 하지만 어느 누구도 올바로 파악할 수 없는 경제 분야와 뒤얽힌 지구 온난화 문제 같은 복잡하고 불확실한 쟁점에 대해서는 인내심을 갖고 거시적인 안목을 키우길 권한다. 이 책에서 제시되는 도구들은 바로 그렇게 하는 것을 돕기 위해 만들어졌다.

'단지 사실만' 파악하기를 원하는 건 자연스러운 경향이지만, 내기가 요구되는 시점에 그 사실들이 항상 분명한 것은 아니다. 그것이 바로 기본적인 위기관리이며, 그것을 이용해 지구 온난화를 다루면 매우 도움이 되리라 생각된다.

지구 온난화 지지자와 회의론자 구별하기

나는 사람들이 스스로 자신을 가리키는 말로 그들을 불러주기를 좋아한다. 그렇게 하면 만사가 훨씬 점잖아진다. 그래서 비록 논쟁에서 세로줄 A와 세로줄 B를 주장하는 사람들을 가리켜 각각 기우자와 부인자라고 부르는 것을 듣게 되겠지만, 이제부터 나는 그들을 온난화 지지자와 회의론자라고 부르겠다. 그들이 스스로 그렇게 부르는 것을 들었기 때문이다. 그 호칭에 대해서는 아무런 가치 판단이 없다.

내가 회의론자라고 부르는 사람들은 둘로 나눌 수 있다. 인간이 야기한 지구 온난화는 미미하다고 주장하는 사람들과, 온난화 영향이 크기는 하지만 지구 온난화에 대응하는 가장 좋은 방법은 기후 변화를 막으려는 것이 아니라 그 변화에 적응하는 것이라고 말하는 사람들이다. 이들을 묶어서 회의론자라고 부르는 것은 탄소 배출량의 감축에 반대하기 때문이다. 그들은 모두 세로줄 B가 더 나은 선택이라고 주장한다. 우리는 중요성에 따라 좀 더 깊이 그 차이를 탐구할 것이다.

그러니까 "지구 온난화를 줄이기 위해 이산화탄소 배출을 억제해야 한다"는 주장에 반대하는 사람이 있다면 그 사람은 회의론자라고 할 수 있다. 이 말에 찬성하는 사람은 온난화 지지자이다. 그러니까 온난화 지지자와 회의론자로 나누는 내 정의는 이산화탄소 배출 억제에 대한 입장에 달려 있다.

그리고 지구 온난화와 지구의 기후 변화가 실제로는 서로 다른—그렇지만 밀접한 관계가 있는—현상을 가리키지만, 이 책의 목적을 생각해서 나는 그들을 서로 구분하지 않고 사용할 것이다. 때때로는 지구 기후의 춤이라고 할지도 모른다. *정말 그렇게 한다는 것은 아니다.*

여러분도 아마 온실 가스, 탄소 배출, 이산화탄소, 탄소, CO_2 등이 모두 똑같은 의미인 것처럼 여겨지는 여러 가지 말을 들었을 것이다. 당분간 나는 이 모두를 '공중에 떠 있으면서 온난화 지지자들에게 야단법석을 떨게 하는 것'이라는 뜻으로 사용할 것이며, 제8장에 가서 정리할 것이다.

나는 지구 온난화에 대한 대중적 논쟁과 과학적 논쟁, 이 두 가지 별개의 논쟁에 대해 이야기할 것이다. 지구 온난화에 대한 대중적 논쟁은 시사 잡지, 신문, 라디오 대담, 텔레비전 뉴스, 블로그, 전자 우편 등을 통해 벌어지는 것이다. 과학적인 논쟁은 과학자들이 이야기하는 것이며, 이것은 나를 포함한 일반 사람들이 쉽게 접근할 수 없는 곳, 혹은 접근할 수 있다고 하더라도 알아듣기 어려운 말로 이야기하는 전문지와 학회 등에서 이루어진다. 바로 전문가들의 세계이다.

대중적인 논쟁에서 가장 큰 화제 가운데 하나는 정말 과학적 논쟁이 많이 이루어지느냐는 것이다. 그것이 핵심인 것 같지만 *대부분의 과학자들이 동의할까?*, 전문가들 사이에서 과학적으로 무엇이 논의되고 있는지 일반인이 알 수 있는 유일한 방법은 대중적인 논쟁에 소개되는 것인데, 그것은 왜곡으로 가득 차 있다. *기후 변화에 관한 회의에 참석한 적이 있는가? 나도 없다.* 내가 만약 여러분에게 "자, 나를 믿으십시오. 과학적 논쟁은 끝났습니다" 하고 말하더라도, 이는 논쟁에서 목소리 하나일 뿐이며, 여러분이 내 말을 믿을 이유가 없다. 따라서 이 책에서는 과학적 논쟁에 대해 전혀 관심을 갖지 않을 것이다. 여러분이 곤경을 겪는 것은 대중적인 논쟁이며, 그래서 나는 여러분을 대중적 논쟁에 대비하게 할 생각이다.

그러려면 과학이 어떻게 작용하는지에 대해 먼저 알아야 한다.

과학은 결코 분명하게 말하지 않는다

도구 상자에서 맨 먼저 필요한 것이 과학의 본질에 대해 조금 이해하는 것이다. 그 이유는 여러분이 만든 도구 상자에서 가로줄의 가능성과 네모 안의 내용을 판단하기 위해 정보를 수집할 때 듣게 될 여러 가지 언급의 *제6장과 제7장에서 나오는 것과 같은* 신뢰성을 평가하는 데 중요한 기초가 되기 때문이다. 그 기초는 제4장에서 쌓게 될 것이다. 과학이 어떻게 작용하는지 이해하면 팽팽하게 대립되는 논쟁을 보더라도 다음과 같은 몇 가지 생각을 하지 않게 된다.

• 과학에서 결론이 날 때까지 기다리면 어떨까?

• 지구 온난화에 대한 인간의 영향은 아직 입증되지 않았다.

• 과학자들은 1970년대에 빙하 시대의 도래를 경고했지만 지금은 지구가 뜨거워지고 있다며 말을 바꾸고 있다. 그런데도 우리가 그들의 말에 귀를 기울여야 하는가?

• 왜 우리의 미래가 몇 가지 컴퓨터 기후 모델의 결과에 바탕을 두어야 하는가?

대답 없는 과학

과학에서 결론이 날 때까지 기다리면 어떨까 하는 생각은 자연스럽기 그지없다. 결론이 나야 우리가 무엇을 해야 할지 알게 되기 때문이다. 결국 우리가 이야기하는 것은 매우 엄청날 수도 있는 금전적 지출과 커다란 정책 변화이다. 그러나 제6장에서 보게 되겠지만 행동을 취하는 것이 실은 경제적으로 이익이 될 것이라고 주장하는 사람도 있다. 필요하지 않은 곳에 엄청난 에너지와 돈을 쓰는 것은 누구도 원하지 않는다. 접근해 오는 소행성에 대비하기 위해 자원을 전환시키는 것에 반대하는 사람은 없을 것이다. 하지만 지구 온난화에 따른 위협은 그다지 명확하지 않다. 그러니까 명확해질 때까지 좀 더 두고 보면 어떨까?

이 사고 방식에는 두 가지 문제가 있다. 하나는 제0장에서 본 적이 있는 우리가 논쟁을 지켜보는 동안 바닥에 흐르고 있을지도 모르는 10만 볼트의 전기 이야기이다. 다른 하나는 과학의 본질 그 자체이다. 현재 이루어지고 있는 지구 온난화가 인간이 야기한 것인가, 그것이 심각한 것인가, 우리의 행동이 효과가 있을까 등과 같은 논쟁들은 과학에게 확실성을 요구하지만 과학은 본질적으로 확실성을 마련해 줄 수 없다.

나는 과학 교사이기 때문에 분명하게 말할 수 있다. 인간의 모든 노력 가운데 가장 정밀하고 성과가 좋은 과학이 결코 확실한 것이 아니라는 놀라운 사실을 말이다. 과학적인 언명은 모두 불확실성이 얼마나 되느냐는 추측이 포함되어 있다. 이것은 대부분의 과학적 언명에 의견 불일치가 있다는 뜻이다. 겉으로 보기에 이것은 말도 안 되는 주장 같다. 과학의 대답이 확실하지 않다면 어떻게 그것에 의존하겠는가? 우리가 병원에서 치료를 받고 비행기를 타며 고층 건물에서 일하는 것은 과학을 믿기 때문이 아닌가?

우리가 과학을 신뢰하는 것은 과학이 연구를 거듭하면서 불확실성을 줄이고 결국 아주 작게 만들기 때문이다. 그래서 '불확실성이 완전히 없어지기 전까지는 X에 대해 행동을 해서는 안 된다'고 말하는 것은 '벼락을 맞지 않는다고 완벽하게 확신하기 전에 집 밖으로 나가면 안 된다'고 말하는 것과 같은 셈이다. 그것은 어리석은 짓이다. 벼락을 맞을지도 모른다는 불확실성과 대문을 열고 나왔을 때의 이점을 비교했을 때 벼락을 맞을 불확실성이 아주 적다면 그것으로 충분한 것이다. 하지만 과학이 정말 확실하지 않다면 과학적 증거라는 관념과 모순되지 않을까?

그렇다, 모순된다. 널리 이해되지 않는 충격적인 사실은 과학이란 결코 무엇인가를 입증할 수 없다는 것이다.

자, 나는 진정한 과학자는 아니지만 학교에서 과학자 흉내를 낸다. 내 강의를 듣는 사람이 35명 정도의 청소년이라면 나는 가장 훌륭하게 추측한 것이 그렇다며 이야기를 마무리할 수 있다. 하지만 35명 이상이 읽게 될 책에서 그처럼 과감한 주장을 하기 위해서는 미리 확인해야겠다고 생각했다. 내가 틀릴 가능성은 늘 있다. 그래서 나는 진정한 과학자들과 만났고, 내 말에 답변한 사람들은 내가 이해하는 것이 옳다고 확인해 주었다. 물론 그들도 틀릴 수 있지만 우리가 다루는 문제에서 그들은 나보다 훨씬 자격이 많은 사람들이다.

진정한 과학자일 뿐 아니라 다른 과학자들로부터 존경을 받아 미국 과학 진흥 협회 회장으로 선출되기도 한 도널드 랭근버그의 대표적인 견해를 소개한다. 미국 과학 진흥 협회는 세계 최대 규모의 과학 단체이다. 이

단체에 대해서는 제6장에서 더 다룬다. 그는 자신이 과학의 논리에 대한 전문가가 아니라고 운을 뗀 뒤―이 조심성도 과학의 또 다른 측면이다!―다음과 같이 말했다.

> 같은 증거라도 사람에 따라 다르게 본다는 점은 과학적 언명의 또 다른 방식이다. 엄밀히 말해 이것 또는 저것이 증명되어 있지 않다고 말하는 것은 늘 가능하다. *거기 있는 비판적인 독자에게 하는 말이지만 그의 말을 그대로 받아들여서는 안 된다. 여러분이 알고 있는 과학자에게도 그 질문을 해 보기 바란다.* 하지만 비과학적인 경우를 포함한 대부분의 상황에서 증거를 충분히 모아 사람들에게 결과를 설명하면 대부분의 사람들은 그 상황이 타당하다고 생각한다. 문제는 어디까지 그럴 수 있느냐 하는 것이다. 진화나 지구 온난화 등과 같은 과학적 논쟁, 무죄냐 유죄냐 하는 법정 투쟁에서 그러한 문제는 끊임없이 제기된다.

그러므로 누군가 이것은 입증되었고 저것은 입증되지 않았다면서 어느 한쪽 편을 든다면 정신을 집중해야 한다. 증거는 보는 사람에 따라 달라진다는 것을 잊으면 안 된다. 과학적 주장에 대해 제기해야 하는 유용한 질문은 이것이 입증되었느냐는 것이 아니라, 그 주장에 따라 행동할 때 이 행동을 충분히 설명할 만큼 그 증거의 개연성이 충분하냐는 것이다. 달리 말해, 여러 가지 상황과 위험을 감안해서 계속해도 되겠느냐고 물어야 한다는 것이다.

여기서 교훈은 두 가지이다. 먼저 우리는 우리가 알고 있는 과학적 언명의 모호함을 받아들여야 한다. 최근 언론에 등장하는 사람들이 이러한 태도를 보이는 것은 매우 흥미로운 일이다. '가능하면', '어쩌면', '불확실성'과 같은 매우 과학적인 말을 포함할 때마다 언론이나 대중이 그들의 결론을 단순한 추측으로 해석한다는 것을 배웠기 때문이다.

둘째로 과학적인 답변은 보통 매우 보수적이며, 강력하게 옹호할 수 있거나 자신이 있는 것만 보고한다. 전반적인 결과는 보통 신뢰성의 수준에 의한 가능성의 범위로 제시된다(예를 들어 "우리는 2005년까지의 지난 100년 동안 지표의 평균 온도가 $0.74 \pm 0.18°C$ 상승했다고 95% 확신한다"는 식이다). 이것이 미디어를 통해 일반인에게 전해질 때는 "지난 세기에 온도는 $0.7°C$ 상승했다"가 됨을 명심하면 유용하다. 그러므로 그런 언급을 '대답'으로 간주해서는 안 된다.

그러니까! 무엇인가가 과학적으로 입증될 때까지 기다리는 것은 아무 소용이 없다. 그것은 대중의 인식과 달리 과학이 할 수 없는 일이기 때문이다. 그리고 과학 언명은 보통 매우 보수적이다. 연구자들은 신뢰도 수준을 가지고 조심스럽게 말할 수 있는 것만 이야기할 뿐이다.

의견 일치는커녕 그 비슷한 것도 없다

때때로 지구 온난화에 관해서는 과학자들의 의견 일치가 없다는 말을 듣는다. 사실 과학자들 사이에는 어느 것에도 의견 일치가 없다. 적어도 '모든 개인이 동의한다'는 말의 일반적인 의미에서는 그렇다. 언제 어디서나 다른 의견을 가진 과학자가 있다. 왜 그럴까? 다시 말하지만 과학이 불확실하기 때문이다. 항상 이견의 여지가 있으며, 우리가 이해하고 있는 것이 틀린 것일지도 모른다.

여러분이 알고 있는 가장 유명하고 확실한 과학 법칙을 생각해 보자. 중력의 법칙은 어떨까? 짐작이 가는가? 그것에도 의견 일치란 없다! 바로 지금 이 순간에도 우리의 중력에 대한 이해를 시험하는 중력 탐사선

이 있다. 참고로 최근에는 중력에 대한 대안까지도 진지하게 고려되고 있으며 이를 수정 뉴턴 역학이라고 부른다. 어떤 과학적 쟁점이든 반대가 전혀 없기를 기다린다면, 영원히 기다리게 될 것이다.

그러므로 지구 온난화 논쟁에서는 의견 일치라는 말에 신경 쓸 필요가 없다. 대부분의 사람들이 의견 일치라는 말을 '아무도 이의가 없다'는 뜻으로 받아들이지만, 만약 박사 학위를 가진 사람이 "이의가 있다"고 블로그에 글을 썼고 이를 다른 사람이 발견하면 곧바로 의견 일치가 이루어지지 않게 되는 것이다. 대신 과학자들은 '훌륭하게 확립되다, 훌륭하게 이해되다, 널리 인정되다, 압도적 다수의 과학적 견해, 논란의 여지가 없다, 우세한 견해' 등과 같은 말을 즐겨 사용한다. 신문이나 방송을 보면 쉽게 알 수 있다. 이러한 말들은 과학적인 내용을 신뢰할 수 있도록 하는 묘사 방법이며, 이 말을 포함하는 과학 언명은 그 반대를 주장하는 사람이 나타나더라도 살아남을 수 있다. 그리고 어느 쟁점이든 과학에서는 늘 반대자가 있게 마련이다.

그러니까! 과학은 결코 끝나지 않을 것이며, 반대 의견이 나타난다고 해서 그것의 과학적인 이해가 제대로 확립되어 있다는 주장이 틀렸음을 입증하는 것도 아니다.

노벨상을 받을 수 있는 방법

그럼에도 과학자들은 때때로 의견 일치라는 말을 사용한다. 이 말은 과학계에서 더 이상 의미 있는 논쟁이 없다는 뜻이다. 그런 판단을 내리는 데는 전문적인 안목이 필요하지만 여러분도 앞으로 논쟁이 있는 곳에 갈 것이므로 논란이 있는 과학과 인정되는 과학을 구분하는 데 도움이 되는 방법을 알아 두면 좋다. 그것은 먼저 과학계가 아이디어에 대해 어떻게 논쟁하는지 아는 것부터 시작된다.

아무것도 입증할 수 없다면 과학자들은 좋은 아이디어와 나쁜 아이디어를 어떻게 구분할까? 랭근버그 *앞에서 증거는 보는 사람의 눈에 달렸다고 말했던 과학자*는 하나의 관념이 발전해 나가는 방식에 대해 다음과 같이 설명한다.

"내게 아이디어 하나, 이론이나 새로운 실험 결과 하나가 있다고 하자. 나는 그것을 다른 과학자들에게 보인다. 그럼 그들은 그것에 결점이 있는지, 무엇이 틀렸는지 밝히고, 가능하면 내 아이디어와 실험 결과를 무의미한 것으로 만든다. 만약 그들이 그렇게 하지 못하면 내 아이디어나 실험 결과가 살아남고, 어쩌면 내가 노벨상을 받을지도 모른다."

내가 가르치는 학생들은 이 과정을 다음과 같이 설명한 적이 있다.

"커다란 망치로 새로운 과학 언명과 실험 결과를 내리쳐 부서지는지 살핀다. 부서지지 않고 남은 것이 가장 좋은 것이다."

과학이란 매우 적대적인 활동이다! 물리학자들 사이에 오래전부터 전해지는 '물리학은 접촉 스포츠'라는 속담도 같은 뜻이다.

이 망치질의 형식적인 부분을 전문가 검토 과정이라 부른다. 만약 여러분이 자신의 과학적인 업적을 제대로 평가받고자 한다면 그것을 논문으로 써서 전문 잡지에 투고한다. 그들 전문 잡지에서는 여러분의 논문을 해당 분야의 전문가들에게 보내고, 그들은 가능한 많은 노력을 기울여 허점을 찾으려고 애쓸 것이다. 이때 발견된 허점이 보완되어야 논문은 그 잡지에 실리게 된다. 잡지의 권위가 높을수록 투고된 논문의 허점을 찾으려고 더욱 애쓰게 마련이다. 잡지의 명성을 유지하기 위해서는 어수룩한 논문을 수록하지 않아야 하기 때문이다.

권위가 높은 잡지일수록 투고된 논문들 가운데 소수만 수록한다. 그리고 과학자들이 진리를 다 안다고 할 수 없기 때문에 그들 잡지가 논문을 수록하기로 결정할 때는 "이 논문이 옳다"고 하지 않는다. 대신 "편집자들은 이 논문이 볼 만한 가치가 있으며 중요할지도 모르고 명백히 틀린 것은 아니라고 생각한다"는 정도로 설명한다. 전문가들이 검토하는 잡지를 통해 발표된 논문들을 통틀어 흔히 '(전문가들이 검토한) 문헌'이라 하기도 한다.

세월이 흐르면서 잡지들은 과학계에서 명성을 얻는다. 과학자들은 자기 분야에서 출판되는 모든 논문을 읽을 시간이 없기 때문에 그가 읽을 만한 논문을 찾는 데는 잡지의 명성이 도움이 된다. 예컨대 〈사이언스〉, 〈네이처〉, 〈피지컬 리뷰 레터스〉, 〈프러시딩스 오브 더 내셔널 아카데미 오브 사이언시스〉 등은 최고 수준으로 인정되고 있으며, 엄격한 검토를 이겨낸 소수의 논문만 수록하고 있다. 잊지 말자! 최고의 잡지에 수록되었다고 해서 그 논문이 참이라는 뜻은 아니다. 다만 우리가 얻을 수 있는 최상의 것일 뿐이다.

여러분은 논쟁이 이루어질 때 "그 주장을 뒷받침할 만한 전문가 검토를 거친 논문을 제시해 보라"거나 "그래, 그것도 전문가 검토를 받기는 했지만, 모두가 알다시피 수준이 낮은 〈에너지 앤드 디 인바이런먼트〉에 실렸던 것이다" 등의 말을 듣게 될 것이다.

과학자들은 권위 있는 잡지가 어떤 것인지 알고 있지만 우리 일반인은 전문가 검토를 받은 것이 그렇지 않는 것보다 믿을 만하다는 정도만 알면 충분하다.

그러니까! 일반적으로 과학적 주장이 전문가의 검토를 거치지 않으면 그다지 인정받지 못한다. 예외는 아주 새로운 주장인데, 전문가 검토 과정이 느리게 진행되기 때문이다. 이때 그 주장을 고려할 만한가 아닌가 결정하는 것은 이를 주장한 과학자의 명성에 달렸다.

지식인들은 변덕쟁이

'지구 온난화'라는 명칭이 이상하다고 생각한 적이 있는가? 처음에는 지구 온난화였다가 그 다음에는 전 지구적 기후 변화(또는 인류 발생의 기후 변화)라고 하더니, 현재는 기후 혼란이니 기후 불안정이니 하는 말도 들리기 시작한다. 자, 어느 것이 맞을까? 연구자들이 이에 대해 연구하면서 무엇인가를 끊임없이 만들어 내는 듯한 인상을 준다. 1970년대에 과학 잡지들이 다가오는 빙하 시대에 관한 경고로 표지를 가득 채웠던 때의 공포와 아주 비슷하다. 불과 몇 년 전만 해도 과학자들은 지구가 얼음 천지가 된다고 했었는데, 지금은 또 정반대되는 이야기를 하는 그들의 말에 우리가 왜 귀를 기울여야 하는가? 그러다 또 몇 년이 지나면 그들은 이렇게 말하지 않을까?

"아이코! 실수다. 여러분을 공포에 떨게 하고 경제를 무너뜨리고 자유를 포기하게 해서 미안하다. 우리 잘못이다."

그렇다. 과학자들과 같은 지식인들은 항상 마음을 바꾼다. 하지만 언제나 더 나은 미래를 위한 것이다. 이것이 중요하다. 완벽한 본보기가 바로 지구 냉각화의 공포였다. 이는 살인 사건 수사를 맡은 형사가 아무것도 결정되지 않은 수사 초기 상황을 언론에 이야기하는 것과 같았다. 그는 사건에 대한 여러 가지 서로 다른 가능성을 이야기했지만, 언론에서는 가장 외설적인 것을 골라 떠들어 댔다. 수사가 진전되고 형사가 이 내용을 설명하면 나중 설명이 훨씬 견실한 것인데도 대중은 경찰이 진척 없이 더듬고 있을 뿐이라고 생각한다.

만약 여러분이 1970년대에 언론이 아니라 과학계가 했던 말을 찾아본다면 다음과 같은 말이 있을 것이다.

"기후는 우리가 생각했던 것보다 훨씬 불안정한 것 같다. 심지어 앞으로 100년 이내에 빙하 시대가 될 가능성도 없지 않다."

언론에 의해 크게 보도된 것은 바로 그 뒷부분이었다. 그래서 지금 지구가 따뜻해지고 있다는 정반대의 주장은 1970년대의 주장보다 다른 가능성의 폭을 줄인 것이며 훨씬 자신감에 차 있다. *지구 냉각화는 망설임 공격을 받지 않았기 때문에 살아남았던 것이다.* 시간이 지나면서 과학 언명은 점차 진실에 가까워지는 경향이지만, 그러나 결코 실제로 거기에 이르렀다고 주장하지 않는다.

그러니까! 전문가들이 이전에 했던 말과 완전히 다른 말을 하는데 왜 내가 지금 그들의 말을 들어야 하는가 하는 질문에 대한 답은 이전에 한 말보다 나중에 한 말이 확실하기 때문이라는 것이다. 그렇다고 그것이 완벽하며 확실하다는 뜻은 아니다. 하지만 우리가 얻게 된 가장 훌륭한 답이다. 과학은 결코 진실을 알고 있다고 말하지 않는다.

과학적 권위는 그냥 얻어지는 것이 아니다

과학에서 견해는 궁극적으로 그 자체의 힘으로 존재해야 한다. 하지만 그것을 보여 주는 데는 오랜 시일이 걸린다. *여전히 논쟁 중인 중력을 기억하는가?* 그런 가운데 전문가 검토 과정에서 엉뚱한 것과 어설픈 것이 가려지며, 전문 잡지의 상대적인 권위에 힘입어 과학자들은 현재 진지하게 다루어지고 있는 견해들이 어떤 것인지 파악할 수 있다. 하나의 견해가 지니는 장점을 재빨리 간파하는 또 다른 방법은 그 배경에 있는 권위자들을 살피는 것이다.

우리 가운데는 권위라고 하면 신경 반사적인 태도를 가진 사람이 많다. 하지만 과학에서는 어떤 사람 혹은 전문 잡지나 단체 등의 견해가 얼마나 견실할 수 있는지 가늠하는 유용한 척도가 바로 권위이다. 우승 경마가 권위를 지니는 것은 사람이 말에게 권위를 주었기 때문이 아니라 그 말의 쟁쟁한 경주 기록 때문인 것과 비슷하다.

과학에서는 많은 사람이 권위자라고 인정해야만 권위자가 된다. 그것은 전문가 검토 과정을 거쳐 수많은 양질의 논문을 발표하고, *이것이 중요하다.* 다른 사람들이 자신의 연구를 진행하면서 그 논문을 인용함으로써 권위가 생겨난다. 그 기록이 차곡차곡 쌓여 가는 것이다. 예를 들어 리키와 루시 두 사람 모두 전문가 검토가 이루어지는 잡지에 논문을 발표했더라도 훨씬 많은 사람이 루시의 논문을 인용한다면 그것은 사람들이 루시에게 더 많은 권위를 부여하고 있다는 표시이며, 내기를 하게 되면 그들은 루시의 견해에 돈을 걸 것이다. *불쌍한 리키. 연구는 부지런히 하는 것이 아니라 뛰어나게 해야 하는 거야!*

그러니까! 한 시대의 끝에 이르면 과학의 견해들은 그 자체의 힘으로 존재해야 한다. 하지만 그 시대의 중엽에는 과학 견해를 판단하는 데 유용한 것은 권위이다. 결론을 내지는 못하지만, 그것이 바로 현실 세계에서 과학이 작용하는 방식이며, 그리고 또 우리가 가질 수 있는 최상의 것이기 때문이다.

우리의 뇌를 의심해라

아마도 가장 큰 실수는 자신도 모르게 참이 아닌 추측을 하는 것이리라. 때문에 과학자들은 그런 추측을 자신의 연구에서 뿌리 뽑는 철저한 훈련을 거치며, 자신의 연구를 언급하는 것에 대해 조심스러워 한다. 앞쪽에 인용된 랭근버그처럼. 그들은 경험에 의해서 겸손해질 뿐 아니라 지나치게 자만하지 않도록 특별한 훈련을 받는다.

추측을 뿌리 뽑는 훈련은 잘못된 이해 때문에 엄청난 실수를 저지르는 것을 방지하는 데 많은 도움이 된다. 내 생각에 우리가 기후 변화의 쟁점에 내기를 걸 때 특히 유용할 것 같다. 그러니 우리도 조금 해 보자.

독자들도 참여하는 시간이다. 적당한 종이를 준비하여 그 종이에 다음 질문에 답을 가리고 한 줄씩 읽는다. 성급하게 답변을 먼저 보지 않도록.

처음에는 지구 온난화와 상관없는 다른 예를 사용할 것이다. 그래야 기후에 무관심한 사람들에게도 널리 접근할 수 있기 때문이다. 이 책이 지구 온난화에 관한 책인 것처럼 보일지 모르지만, 사실은 지구 온난화 논쟁에 적용될 사고의 도구에 관한 책이다. 먼저 고전적인 수수께끼로 시작한 다음 지구 온난화를 예로 들겠다.

수수께끼를 먼저 풀고 나서 실제 훈련을 시작할 것이다. 일단 답을 알고 난 다음에는 자기도 모르게 수수께끼를 어려워한 이유를 생각해 보자. 내가 먼저 무의식적 추측을 찾는 훈련을 해 본 다음 일상생활에서 그것을 확인하기가 훨씬 쉬워졌고 또 매우 유용하다는 것을 경험했기 때문에 자신 있게 말할 수 있다.

예컨대 누군가와 논의를 하다가 서로 이야기가 마무리된 것 같으면, 내가 어떤 추측을 하고 있었는지 확인하려고 애쓴다. 이렇게 하면 가끔 우리가 서로의 말을 듣지 않은 이유를 알아차리게 되고, 그래서 우리 두 사람을 덜 실망시키는 쪽으로 방향을 바꿀 수도 있다.

자, 연습 문제는 다음과 같다. 종이를 가리고 시작해 보자.

문 침대로 가던 남자가 전등의 스위치를 끄고 깜깜해지기 전에 방을 가로질러 침대로 들어간다. 어떻게 그럴 수 있었을까? *초능력은 생각하지 말라.*

답 그는 낮에 침대로 갔다. 이 대답을 바로 할 수 없게 만든 추측은 무엇이었는가? 답을 읽기 전에 짐작해 보도록 하라.

추측 그가 밤에(바깥이 깜깜한 시각과 지구상의 위도에서) 침대로 갔다.

문 1+1=10. 이 식에서 무엇이 틀렸는가?

답 틀리지 않았다. 2진법을 사용한 것이다(2진법은 0과 1로만 된 수이며, 컴퓨터의 바탕이다). 추측한 것은 무엇이었을까?

추측 당연히 10진법을 사용하리라 추측했다. 여기서 흥미로운 것은 다른 사람들이 이 식을 보고 나보고 멍청이라고 한다면 정작 실수를 저지르고 있는 것은 바로 그들이라는 점이다. 이 예는 사실 까다롭다. 하지만 우리 이야기를 상대가 알아듣지 못한다고 생각될 때는 우리가 잘못 알고 있는 것은 아닌지 생각해 봐야 한다. 따라서 일단 멈춘 뒤 우리의 생각을 다시 확인하는 것이 바람직하다.

문 나는 위험한 기후 변화 때문에 앞으로 험난한 시대가 될 가능성이 많다고 걱정하고 있고 여러분도 이 사실을 알고 있다. 그 때문에 나는 2008년 금융 위기 전에 은퇴 후의 투자를 신중한 쪽으로 전환시키려고 했다. 그런데 중개인은 내가 시장 상황에 겁을 먹었다고 생각하고 하강 국면은 항상 재조정된다며 내 생각을 바꾸려고 든다. 한동안 우리는 자기주장만 되풀이했고 모두 힘이 빠졌다. 잠시 후 나는 우리가 투자에 대해 서로 다른

생각을 갖고 있기 때문임을 알아차렸다. 그것이 무엇이었는지 짐작할 수 있겠는가?

추측 그는 향후 30년이 지난 30년과 아주 비슷할 것이라고 추측했고 나는 그렇지 않았다. 내가 당시에 그것을 알았다면 우리는 투자에 대한 추측이 다르다고 이야기했을 것이며, 그랬다면 우리는 불필요한 논쟁을 피할 수 있었을 것이다.

이제 단어장을 덮어도 좋다. 다음은 내가 좋아하는, 정신이 번쩍 드는 행동의 하나이다.

책을 들고 두 팔을 쭉 뻗어 눈에서 책을 30센티미터쯤 떨어뜨리자. 그리고 왼쪽 눈을 감고 오른쪽 눈으로 아래쪽에 있는 X를 똑바로 본다. 눈은 X에 초점을 맞춘 채, 책을 천천히 얼굴 쪽으로 가져오면서 점을 주목한다.

처음에 점이 보이는가? 점점 책이 가까워지면 어떻게 되는가? 점은 사라진다. 신기하지 않는가? 그것이 바로 우리의 사각지대라는 것이며, 우리의 망막이 한쪽으로 쏠리기 때문에 생기는 현상이다. 하지만 놀라운 것은 그런 것이 있는지조차 몰랐다는 점이다. 존재를 알기 때문에 자동차의 사각지대는 확인할 수 있지만 이 사각지대는 살필 생각조차 하지 못한다. 거기서는 아무것도 보지 못하며, 무엇이 있는지조차 모른다! 우리의 뇌는 거기에 우리가 볼 무엇인가가 있다는 것조차 알아차리지 못한다.

그래서 눈으로 보는 것뿐 아니라 우리의 정신, 세상에 대한 우리의 이해에도 이런 일이 있지는 않은지 궁금하다. 왠지 으스스한 기분이 들지 않는가?

X   ●

좋다, 하나 더 해 보자.

이것은 타이밍의 문제이므로, 올바로 하기 위해서는 조심스럽게 지시에 따라야 한다. 먼저 펜과 종이를 준비하자. *벌써 돌아왔는가?*

내가 하라고 할 때까지 페이지를 넘기지 말라. 다음 페이지에는 간단한 그림이 하나 있다. 내가 '시작' 하면 페이지를 넘겨 그 그림을 0.5초 동안 힐끗 쳐다본 뒤 다시 이곳으로 돌아와 다음 지시를 기다리는 것이다. 준비가 되었나?

좋다. 준비, 시작.

그림을 보았다면 이제 여러분이 본 것을 종이에 그려 보자. 다 그렸으면 이제 페이지를 넘겨 다시 그림을 보라.

제대로 그렸는가? 이 장에서 여러분의 인식을 훈련해 왔기 때문에, 아니 내 술책에 대해 계속 의심해 왔기 때문에 아주 잘했을지도 모른다. 하지만 대부분의 사람이 그림에 있는 대로 'Paris in the the spring'— the가 두 번 들어간다—이라고 적지 않고 'Paris in the spring'이라고 적었을 것이다.

내가 이 예를 마지막에 소개하는 것은 그것이 두 가지 사실을 한데 묶어 주기 때문이다. 하나는 우리가 과거의 경험을 바탕으로 추측한다는 것이다. 그 중개인이 30년 동안의 경험으로 볼 때 항상 그랬기 때문에 시장이 곧 제자리를 찾게 되리라고 추측한 것과 마찬가지로 우리는 미래가 과거의 경험과 비슷할 것이라 추측한다. 앞에선 이야기한 the의 경우에 과거의 경험은 문법적으로 올바른 문장으로 읽게 하는 것이다.

그리고 또 하나는 그런 추측이 반드시 나쁜 것은 아니라는 점이다! 우리가 추측을 하는 것은 어떤 문제를 생각할 시간이나 기회가 없을 때 우리의 뇌가 그 공백을 재빨리 메워 주기 때문이다. *"지금까지 스무 마리*

의 스밀로돈(선생대에 번성했던 맹수-옮긴이)이 나를 잡아먹으려고 했다. 이놈은 내 친구가 될지 궁금하다"는 추측은 제대로 된 것이 아니다. 이런 공백 메우기가 있기 때문에 단어 안에서 글자들의 순서는 아무 문제가 되지 않으며 첫 글자와 끝 글자만 올바르면 어려움 없이 읽을 수 있다.(원서에서는 it deosn't mttaer in waht oredr the ltteers in a wrod are, the olny iprmoatnt tihng is taht the frist and lsat ltteer be in the rghit pclaes라고 단어들의 글자 순서가 바뀐 예를 보여 주고 있다─옮긴이)

그러므로 추측이 반드시 나쁜 것은 아니다. 문제는 우리가 모르는 사이에 추측을 할 때 생긴다. 매우 복잡한 여러 가지 일을 단순한 것처럼 잘못 생각하게 만들고, 이는 아무런 도구나 여과 장치 없이 논쟁에 귀를 기울이게 만들기 때문에 위험하다. 이 말들은 이성적이고 매우 솔직한 것처럼 들릴지 모르지만, 옳지 않은 추측에 의지하는 것이기 때문에 틀릴 수도 있는 주장들이다. 과학자들이 그들의 작업에서 추측을 배제하는 훈련을 받는 것도 그 때문이며, 가장 훌륭한 지혜란 우리가 모른다는 것을 알게 되는 것도 바로 그 때문이다.

그러니까! 복잡하거나 감정적인 쟁점에 뛰어들 때 우리의 무의식적 추측을 찾아내는 것은 우리에게 최상의 이점이 된다. 사각지대가 있는 것이 얼마나 불안한 것이었는지 생각한 뒤 다음과 같이 물어보라. "나도 모르는 사이에 내가 지구 온난화의 논쟁에 관해 추측을 하고 있지는 않을까?"

······ Part 02 ······

논쟁에 빠지기 전,
우리 두뇌를 먼저 알아야 한다

제3장

우리의 뇌, 문제가 좀 있다

안타깝게도 여러분은 결함이 있는 두뇌를 가지고 있다. 기분 나빠 할 필요는 없다. 우리 모두가 그러니까. 그것은 표준 지급품이다. 그리고 절대로 교체 불능이다. 확인해 보았다. 우리 두뇌의 문제를 해결하는 방법은 문제가 무엇인지 파악해서 가능한 그것을 피하는 것이고 이 장에서는 바로 그 이야기를 하고자 한다. 여러분 자신의 의사 결정 도구 상자에 필요한 정보를 찾기 위해 논쟁에 참석할 때 대비할 수 있도록 해 줄 것이다.

지금까지 무의식적 추측이 우리를 잘못된 길로 이끌 수 있음을 살펴보았다. 그런데 우리가 여기서 탐구할 두뇌 결함은 오작동이다. 추측보다 더 나쁘다. 우리가 쳐다보지 않을 때 우리의 다리를 걸어 넘어뜨리는 추측과 달리, 두뇌 결함은 우리가 보고 있을 때도 우리 다리를 걸어 넘어뜨린다.

2, 4, 6의 규칙은?

1960년 심리학자 피터 웨이슨은 연구자가 지원자들에게 세 가지 숫자—예컨대 2, 4, 6—를 보여 주고 그들 세 숫자가 어느 특정 규칙에 해당하는 것이라고 말하는 실험을 한 바 있었다. 지원자들의 임무는 그 규칙을 짐작한 뒤 그들 자신이 고른 세 숫자가 그 규칙에 맞는지 연구자에게 되묻는 것이었다. 참가자들은 그 규칙이 무엇인지 확실하게 짐작할 때까지 원하는 대로 그것을 여러 번 되풀이할 수 있었으며, 그런 다음 연구자에게 그것을 말하면 되었다. 규칙은 단순히 '오름차순'이었지만, 지원자들이 그것을 알아내기까지는 오래 걸렸다. 그들은 복잡한 규칙을 생각했던 것이다. 왜 그랬을까?

지원자들은 자신들이 처음 시작할 때 생각했던 규칙에 맞춰 숫자들을 설명하려 했다. 실험에 참가했던 대상자들은 자신들이 올바른 규칙을 찾아냈음을 입증하려고만 했고 그 숫자들로 만들 수 있는 다른 규칙은 생각하지 않은 것이다. 전문가들이 흔히 하는 말로 자기들의 가설이 오류임을 밝히려는 시도를 하지 않았던 것이다. 그래서 그들의 견해에 어울리는 많은 확증을 얻었지만, 결국 올바르지 못한 결론에 이를 수밖에 없었다. 이것은 우리가 알고 있는 것과 반대인 것 같다. 보통 우리는 한 가지 견해에 대한 많은 확증을 찾으면 틀림없이 그 견해가 진실에 아주 가까울 것이라고 생각하기 때문이다.

이 재미있는 현상을 확증 편향(confirmation bias)이라 하며, 이는 인간 두뇌를 다루는 심리학의 한 부분이다. 나는 기후 변화에 관한 대중적 논쟁이 교착 상태에 빠진 이유들 중에 확증 편향이 있다고 생각하게 되었다. 왜냐하면 양편 모두 기후 변화에 대한 엄청난 정보를 가지고 있음에도 불구하고, 어떤 행동이 우리에게 가장 이로운지에 대해서는 의견 일치를 보지 못하고 있기 때문이다.

확증 편향에서 벗어나려면 어떻게 해야 할까? 앞에서 말한 것과 같이 자신의 오류를 밝히면 된다.

이것은 내 학생들이 생각해 낸, 망치질에 관한 의견과 비슷하다. 우리의 견해를 더욱 탄탄하게 만들기 위해 그것을 깨뜨리는 것이다. 그것이 깨진다면 괜찮은 견해가 아니었던 것이고 자신의 생각을 고치거나 없앨 수 있는 기회가 있다. 그리고 만약 온갖 망치질에도 살아남는다면 자신의 가설이 옳을 수도 있다는 확신이 커진다. 어느 쪽이든 우리 이득이다. 더 나아지는 것이다. 비록 내 생각이 산산조각 나서 바닥에 잔뜩 널브러진 아주 우울한 상황이 되더라도 그렇다. 내게는 오랫동안 성공적으로 쌓아 왔던 내 멋진 견해를 산산조각으로 만들어 버린 학생이 있었는데, 그 견해를 되살리기란 불가능했다. 고맙다, 스테이시.

누구에게나 있는 것

가장 단순한 확증 편향은 자신의 견해에서 모순을 찾지 않으면서 그것이 맞다고 믿어 버리는 것이다. 하지만 확증 편향은 다른 여러 가지 방식으로도 나타나기 때문에 확증 편향의 약삭빠른 온갖 모습을 알아차릴 수 있어야 한다.

확증 편향의 특징 가운데 하나는 맞힌 경우만 생각하고 놓친 경우는 제외한다는 것이다. 우리가 어느 친구를 생각하는 바로 그 순간에 그 친구에게서 전화가 오면 "야, 정말 신기한데? 내게 초능력이 있는지도 모르겠어" 하고 생각하는 것과 같다. 그럴 때 우리는 그것을 맞힌 경우로 계산한다. 하지만 아무리 친구를 생각하고 있더라도 그 친구가 전화하지 않았던 수많은 경우(놓친 경우)는 계산하지 않은 것이다.

이것을 '그 밴이 항상 그 모퉁이에 있는 증후군'이라 부르기도 한다. 어느 모퉁이를 지날 때마다 똑같은 밴이 보이면 뭔가 의심스러운 일이 벌어지고 있다고 생각하는 것이다. 실제로 그 모퉁이에 아무것도 없었을 때가 백만 번이지만, 아무것도 없는 모퉁이는 관심을 끌지 않기 때문에 이 경우는 계산하지 않는다. 그 결과 그 모퉁이를 쳐다볼 때마다 정말 그 밴이 거기에 있는 것이다. 왜냐하면 우리가 그때만 '쳐다보기' 때문이다.

이는 지구 온난화에 관한 논쟁에서 우리가 생각하는 것과 비슷한 기사를 볼 때 드러난다. 우리는 기사를 읽고 나서 "아! 그래, 바로 내가 옳다는 증거야!"라고 생각하고, 우리의 믿음과 모순되는 기사는 흘려버리는 경향이 있다. 그래서 증거들이 기울어져 있다는 인상을 갖게 된다.

우리는 우리의 생각과 같거나 반대되는 모든 증거를 보지만, 우리의 견해를 지지하는 것에 더 많은 무게를 둔다. 이것은 확증 편향의 또다른 특징이다. 이 결과 믿음의 양극화가 이루어지고 이것은 바로 정치적 담론 그리고 지구 온난화를 둘러싼 대중적 논쟁에 이르게 된다. 모든 사람이 똑같은 양의 증거를 보고 있으면서도 그것이 자신의 주장을 지지해 주는 것이며 반대쪽 주장은 틀렸음을 보여주는 것이라고 생각한다.

그 문제를 생각해 보자. 우리는 모두 자신이 옳기를 바란다. 우리는 증거를 검토할 때 무엇을 볼까? 물론 우리의 견해를 지지하는 증거인지를 보고 그럴 경우 그 내용을 수집한다. 이는 철가루와 흙이 들어 있는 양동이에 자석을 꽂는 것과 같다. 철가루는 자석을 따라 움직이고 철가루만 자석에 달라붙는다. 그래서 우리는 자석을 뽑아 이리저리 살펴보면서 "이 양동이에는 철가루가 들어 있군" 하고 생각해 버린다.

어떤 면에서 이것은 새로운 내용이 아니다. 누구나 "우리는 원하는 것만 보는 경향이 있다"거나 "망치를 사면 모든 것이 못처럼 보인다"는 말을 들어본 적이 있을 것이다. 하지만 만약 여러분이 이 책을 읽고 나서 확증 편향을 찾기 시작한다면 여러분 자신은 물론 주변에서 늘 보게 될 것이다.

우리가 충분히 조사한다면 우리의 이론에 대한 지지를 얼마든지 찾아낼 수 있다. 정말 많은 정보가 널브러져 있기 때문에 지구 온난화에 관한 대중적 논쟁은 특히 그럴 가능성이 많다. 원한다면 구글을 이용해 어떤 믿음이라도 지지해 줄 증거를 찾아낼 수 있다. 진짜다! 만약 태양이 지구 주위를 돈다는 천동설에 관한 조사를 구글을 이용해서 한다고 하자. 그러면 결국은 상대방으로부터 "그렇지만 과학자들은 대부분 달리 말한다는 것을 누구나 알고 있다"는 말을 끌어낼 수 있을 것이다.

확증 편향의 여러 가지 특징

- **엄밀한 의미의 확증 편향** 우리의 믿음을 확증해 주는 증거만 찾고 그와 모순되는 증거를 찾지 않음.

- **맞힌 경우만 계산하고 놓친 경우는 계산하지 않는다** 우리의 믿음을 확인해 주는 사건에만 주의를 기울임. '그 밴이 항상 그 모퉁이에 있는 증후군'으로도 알려져 있음.

- **믿음의 양극화** 우리의 견해와 어울리는 증거를 더욱 신뢰하고, 우리의 견해와 모순되는 증거는 덜 신뢰함.

지나친 자신감 금지

내가 왜 이렇게 확증 편향에 대해 많이 이야기할까? 확증 편향이 결론에 이르는 길에 있는 여러 장애물 가운데 하나에 불과하다면 이러지 않을 것이다. 하지만 확증 편향은 우리에게 지나친 자신감을 갖게 하고 이는 매우 중요한 장애 요소이다.

확증 편향은 우리를 자신 있게 오류에 빠지게 한다. 그래서 우리는 현명할 때보다 훨씬 더 많은 것을 내기에 걸고 그것을 잃기 전까지 전혀 눈치 채지 못한다. 그것이 바로 지나친 자신감의 매우 기만적인 본성이다. 우리는 너무 늦게서야 지나친 자신감을 갖고 있었다고 깨닫게 되고 그 전까지는 너무 자신만만하기 때문에 결코 다른 대책을 마련해야 한다는 생각을 하지 못한다.

확증 편향은 구체적 현실에서 우리를 멀어지게 한다. 특히 우리가 세심한 조사를 하고 있고 그것에 가까워지고 있다고 생각할 때 더 그렇다. 확증 편향은 우리의 재산을 훔치는 도둑보다 더 나쁘다. 그것은 우리에게 아주 좋은 거래를 하고 있다고 느끼게 하기 때문에 기꺼이 돈을 내놓게 할 뿐 아니라 고마움까지(!) 느끼게 하는 사기꾼과 같다. 그보다 더한 사기꾼이 없다!

나와 의견을 달리하는 사람들도 모두 확증 편향을 가지고 있으며 이 논쟁에서 진정한 적이라고 생각하는 것도 바로 그 때문이다. 나뿐만 아니라 나와 의견을 달리하는 사람들도 이 사기꾼을 두뇌 속에 가지고 있고 자신의 주장을 뒷받침하는 증거를 산더미처럼 갖고 있다. 그래서 우리는 지구 온난화의 개연성과 위험에 대해 이성적인 판단을 내릴 수 있는 수많은 증거가 있는데도 불구하고 서사시적인 교착 상태에 빠져 버리는 것이다.

확증 편향 등장, 붉은색 깃발을 올려라

비록 진정한 사기꾼이 우리 두뇌 속에 있다고 하더라도, 그것은 또 어쩌면 세상 사람들로부터 격려를 받고 있는지도 모른다. 그렇다면 지구 온난화에 관한 이 논쟁에서 우리를 속이려는 사람은 누구일까? 진보적인 엘리트 집단? 기업의 CEO들? 과학계? 경제계? 국제연합? 대규모 석유 회사?

나는 그다지 똑똑하지 못하며, 마음 놓고 비난을 퍼부을 만큼 충분한 조사와 연구를 하지 못했다. 하지만 과연 그것이 누구인지 짐작해 보려는 것을 잠시 멈추고 "이봐, 잠깐만……!" 하고 말하는 것이 우리에게 가장 큰 이득이라고 말하고 싶다.

확증 편향은 아주 은밀하기 때문에 자신에게 질문을 함으로써 그것을 감시하는 법을 배우는 것이 매우 중요하다. 기후 변화 같은 의견이 분분한 쟁점을 다룰 때 특히 그렇다. 그것은 매우 불쾌한 노릇이지만 우리의 가장 큰 이득을 위한 것이다.

내가 자신 있게 여러 번 실수를 했기 때문에 잘 알고 있다. 내가 항상 옳을 가능성이 얼마나 적은가, 확증 편향이 얼마나 강력한 것인가를 깨달음으로써 나는 어깨너머로 그 확증 편향이라는 그램린을 확인하는 법을 배웠다. 그리고 그 결과 아마도 더 나은 판단을 할 수 있으리라 생각한다.

자신의 확증 편향과 싸울 방법을 알고 있으면 우리 모두가 공유하는 그 엄청난 결점—우리가 정말이기를 원하는 쪽으로 우리의 믿음이 기우는 경향—을 제거하는 데 도움이 된다. 모든 것을 내기에 걸어야 할 때 *지구 온난화에 관한 도구 상자에서 ①의 전 세계 경제에 걸 것인가, 아니면 ④의 전 세계 기후에 걸 것인가?* 우리의 믿음이 우리가 원하는 쪽으로 표류하는 것은 어느 편에 우리의 미래를 걸어야 할지 판단하는 데 좋은 방법이 아니다.

이제 우리 자신의 두뇌를 두려워하게 되었으니 그것을 길들이기 위해서는 어떻게 해야 할까? 모든 문제에서와 마찬가지로 첫 단계는 문제가 있음을 인정하는 것이다. 이것이 가장 힘든 부분이다. 내가 잊지 못할 온라인 상의 의견 교환은 지구 온난화가 거짓말이라면서 내 비디오에 대해 장황하게 적대적인 비평을 쓴 사람과의 것이었다. 나는 "귀하께서 틀린다면 어떻게 될까요?" 하고 물었다. 그러자 그는 이전의 자기 주장을 확대해 대답했고 나는 내 물음에 대답하지 않은 점을 지적하면서 다시 "귀하께서 틀린다면 어떻게 될까요?" 하고 물었다. 그의 대답은 이랬다.

"저는 틀리지 않습니다."

그 대화가 어떻게 더 나아갈 수 있었을까? 그는 어리석거나 사악한 사람이 아니었고 결함도 없는 사람이었다. 단지 우리와 마찬가지로 똑같이 결함 있는 두뇌와 허기진 자존심을 지닌 인간일 따름이었다. 그것이 바로 인간이 지닌 보편적인 고통의 원인인지도 모르겠다. 우리가 할 수 있는 최상의 방법은 결함이 있는 우리의 뇌가 우리에게 문제를 일으키지 못하도록 애쓰는 것뿐이다.

무슨 일이 일어나려고 하면 우리 머릿속에서 더욱 주의를 기울여야 한다고 경고하는 붉은색 깃발이 올라가는 것을 알고 있는가? 나는 두뇌에서 내 확증 편향이 작동하려는 기미가 보이면 붉은색 깃발을 다시 세워 확증 편향과 싸우게 한다. 붉은색 깃발이 올라간다고 해서 내가 틀렸다는 것은 아니다. 단지 내 두뇌가 덫을 몇 개나 만들어 놓았을지 모르기 때문에 현재 내가 하고 있는 탐구를 좀 더 신중히 해야 함을 상기시켜 주는 것뿐이다.

아마 우리는 내기가 커질수록 우리의 의견을 수립하는 데 더욱 주의를 기울일 것이고, 확증 편향 때문에 위험한 처지에 있음을 알려주는 경보가 설치되어 좋은 결과를 얻게 된다면 기쁠 것이다. 따라서 도움이 될 만한 몇 가지 붉은색 깃발을 소개한다. 이들은 우리가 잠시 생각을 멈추고 "내가 어리석게 굴고 있지 않은가?" 하고 자문해 보는 것이 유리함을 나타낸다.

붉은색 깃발 1 우리의 견해를 지지하는 증거만 찾고 있다. 우리가 어떤 판단을 하려고 할 때, 우리의 견해를 지지해 줄 여러 가지 증거를 찾아야 한다. 하지만 약간의 시간을 투자해 우리의 견해와 반대되는 것도 적극적으로 찾아야 한다. 이렇게 생각해 보자. 우리와 다른 의견을 마주쳤을 때 우리는 그것이 틀렸음을 밝히려고 한다. 하지만 우리와 의견이 같은 것과 만났을 때는 그것이 틀렸음을 밝히려고 애쓰지 않는다. 그런데 우리가 틀렸음을 밝히는 반대 의견과 자주 마주친다면 그것은 어떤 의미일까?

붉은색 깃발 2 이처럼 명백한데 사람들이 왜 모르는 것일까 하고 생각하는 자신을 발견한다. 고전적인 믿음의 양극화이다. 그들이 알지 못하는 것은 우리와 똑같은 증거를 보고 있더라도 우리와는 다른 것을 중요시하기 때문이다. 상대편이 그 자신의 확증 편향에 영향을 받아 판단을 내릴 가능성이 아주 높기 때문이다. 물론 우리가 옳다는 전제이다. 하지만 그 반대일 가능성도 항상 있다.

붉은색 깃발 3 우리는 정말로 무엇인가가 사실이기를 바란다. 무엇인가가 사실이기를 바라는 우리의 욕구가 강하면 강할수록 확증 편향은 더욱 활개를 친다. 우리는 정말로 만사가 잘 되기를 바란다. 그래서 만사가 잘 되고 있다는 평가를 확증해 주는 사물에 더욱 귀를 기울이는 경향이 있다. 그렇다고 해서 우리의 이해가 올바르지 않다는 뜻은 아니다. 하지만 확증 편향의 가능성이 높기 때문에, 더욱 자세히 검토할 필요가 있다.

붉은색 깃발 4 약간의 성공에 기뻐하는 자신을 발견한다. 심지어는 "봐라! 내가 옳았어! 내가 옳았다니까!" 하고 노래할지도 모른다.

붉은색 깃발 5 저 사람의 말은 터무니없다고 생각하는 자신을 발견한다. 나도 그것에 속아 넘어간 뒤에야 알아차렸다. 상반된 견해를 가진 사람과 전자 우편으로 한참 논쟁을 벌이는 동안 그의 장황한 대답을 파악하려고 했지만 그럴 수가 없었다. 그러다가 퍼뜩 이런 생각이 들었다. '아, 어쩌면 이 사람은 매우 명쾌하고 옳은데도 내 자신이 그것을 용납하지 못하기 때문에 대답할 방법을 모르는 것이다.' 이렇게 한 걸음 뒤로 물러나 '혹시 내가 틀린 것은 아닐까?' 하고 자문해 보는 것이 좋다.

붉은색 깃발 6 우리의 견해에 대해 매우 확신한다. 그렇다, 이 경우는 완전한 딜레마지만 알고 있어야 한다. 더닝·크루거의 효과 농담이 아니다. 이것은 확립되어 있는 심리학적 현상이다.는 사람들이 기술과 지식을 많이 얻을수록 확신이 적어지는 경향을 말한다. 바꾸어 말하면 지식이 가장 적은 사람이 가장 자신만만한 경향이 있다는 것이다. 지식이 많아지면 확신이 적어진다는 것은 일반적인 직관과 반대지만, '무식하면 용감하다'는 말과는 잘 어울린다.

붉은색 깃발 7 내 견해를 바꾸는 데 무엇이 필요할까 하는 질문에 타당한 대답을 내놓지 못한다. 이것은 우리 안에 있는 사기꾼이 해결사 역할까지 맡아, 우리의 견해와 상반되는 증거가 우리의 견해를 침해하지 못하게 하는 것이다. 우리가 정말 옳을 수도 있지만, 만약 우리가 틀렸다면 그것을 알았을 때는 이미 너무 늦었을 것이다.

붉은색 깃발 8 결정타를 찾아냈다고 생각한다. 얼마든지 가능한 일이다. 하지만 두뇌의 자기 기만적인 힘을 감안할 경우 그렇게 말하는 것은 상당한 도박이다. 만약 우리가 어느 결정적인 주장 하나 때문에 다른 모든 주장을 거부한다면, 그러니까 그 주장이 확증 편향의 영향을 받고 있지 않다는 확신에 따라 우리의 견해를 모두 내기에 거는 것임을 기억하자.

붉은색 깃발 9 누군가가 우리의 판단에 도전하면 우리는 결국 "나는 단지……." 하고 말

하게 된다. 이것은 더 이상 제대로 주장하지 못하면서 자기의 주장을 바꾸지 못하는 사람의 마지막 말인 경우가 많다. 그러나 우리가 추구하는 것은 우리의 견해에 매달리는 것이 아니라, 우리에게 많은 이익을 내도록 판단하는 것임을 명심하자.

붉은색 깃발 10 분개나 의분을 느낀다. 때때로 자존심은 정말 지겨운 것이 될 수 있다. 언젠가 인도의 어느 도시에 갔을 때 혼자 남아 있던 인력거꾼이 터무니없는 가격을 불렀고 나는 이를 거부했다. 그래서 결국 한밤 중에 몇 시간 동안이나 텅 빈 거리를 걸어야 했다. 그 가격은 내가 감당하지 못할 금액이 아니라 단지 그의 요구에 굴복하기 싫었을 뿐이었다. 내 어리석은 고집 덕분에 내 발은 말 그대로 불이 났다. 가끔 분개하는 것도 좋지만 주의를 기울여야 한다.

동성애가 지구 온난화를 일으키기만 했더라도

확증 편향이 주된 사기꾼으로 작용하지만, 우리 인간 심리의 또 다른 특징 하나도 지구 온난화의 논쟁에서 중요한 역할을 할지 모른다.

몇 년 전, 〈로스앤젤레스 타임스〉의 어느 기자가 하버드 대학교의 심리학자 대니얼 길버트를 만났다. 길버트는 마음이 작용하는 방법에 관한 베스트셀러 책의 저자였다. 그 기자는 지구 온난화가 그처럼 엄청난 위협이 될 가능성이 있는데도 사람들이 왜 더 많은 관심을 갖지 않는지 다음과 같이 물었다.

"사람들이 미래에 무관심하다고는 하지 마십시오. 그들은 금연이니 은퇴 이후를 대비한 저축 등과 같이 미래를 염두에 두고 많은 일을 하고 있으니까요. 하지만 지구 온난화에 대해서는 분노하는 것 같지 않습니다. 그 이유를 심리학적으로 어떻게 설명할 수 있습니까?"

그 답으로 길버트는 〈로스앤젤레스 타임스〉에 '동성애가 지구 온난화를 일으키기만 했더라도'라는 글을 썼다. 그 글의 요점은 인간 두뇌의 경보 체계는 세월이 흐르면서 즉각적이고 가시적인 위협에 반응하도록 길들여졌다는 것이었다. 그리고 그 시스템은 임무를 훌륭히 수행한다. 하지만 지구의 기후 변화는 우리의 위협 경보 체계의 대상에 해당되지 않기 때문에 우리의 방어망에 걸리지 않는다는 것이다. 길버트는 인간들은 다음과 같은 위협에 가장 강력하게 대응하게 된다고 말한다.

- **의도적이고 개인적인 것** "지구 온난화는 우리를 죽이려고 들지 않는다. 그게 문제이다. 만약 기후 변화가 잔혹한 독재자나 악의 제국처럼 우리를 위협한다면 온난화에 대비하는 것이 국가의 최우선 과제가 될 것이다."

- **우리의 윤리 의식을 침해하는 것** "물론 지구 온난화가 나쁘지만 우리를 화나게 하거나 수치스럽게 만들지 않는다. 그래서 인류에 대한 다른 위협과는 달리 격분하지 않는다. 만약 기후 변화가 동성애나 고양이를 잡아먹는 행위같이 느껴진다면 수백만 명의 시위대가 거리를 잔뜩 메울 것이다."

- **명백하게 현존하는 위험** "두뇌는 현재 잘못되고 있는 것이 없는지 주변을 부단히 검색하는, 공학적으로 매우 훌륭한 기계이다. 그것이 바로 두뇌가 수억 년 동안 해 왔던 일이다……. 눈에 보이는 야구공에 대응하는 응용 프로그램은 오래되고 믿을 만하지만, 보이지 않는 미래에 찾아올 위험에 대응할 다른 프로그램은 아직 베타 버전의 시험판에 지나지 않는다."

- **점진적인 변화보다 오히려 재빠른 변화와 관련되는 것** "로스앤젤레스의 교통 밀도가 지난 수십 년 동안 급격히 증대되면서 시민들은 투덜거리면서도 견디어 왔다. 만약 그 변화가 지난여름 어느 하루 동안 일어났다면, 시민들은 자신이 하는 일을 중단하고 주 방위군을 불러들였을 것이며 그들에게 붙잡히는 정치가는 멀쩡히 집으로 갈 수 없었을 것이다."

지구 온난화는 이들 속성 가운데 어느 하나도 가지고 있지 않다. 온난화가 탈인격적이며 윤리적으로 중립적이고 미래의 점진적인 일이므로, 사람들은 이 일을 감시할 준비가 되어 있지 않는 것이다. 그래서 사회 전체 우려 수준은 몇몇 과학자들이 제기하는 심각함의 크기와 일치하지 않는 것이다.

나는 때때로 사람들에게 지구 온난화에 대해 어떻게 생각하느냐고 묻고 내 편견을 드러내지 않고서 그들의 대답에 귀를 기울인다. 어느 날 저녁, 나는 우리집 근처 주유소 직원에게서 우리 두뇌에 관한 값진 성찰을 하나 얻었다. 그 여직원의 대답은 내가 흔히 듣는 것—그것이 문제일지 모르지만 한참 동안 일어나지 않을 것이므로 우리가 거의 노력을 기울이지 않는다—이었지만, 그녀가 마지막에 한 말이 내 귓전을 울렸다.

그녀는 웃으면서 말했다.

"공황 상태가 되면 그때는 이미 너무 늦을 거예요."

나는 그 말에 대해 많이 생각해 왔다. 그 말에는 우리 두뇌의 작용에 대한 깊은 성찰이 있다고 느꼈기 때문이다. 하지만 그것을 분명히 지적할 수는 없다. 분명히 그 말은 길버트가 쓴 글과 같은 것이지만 더 많은 것이 있다. 나는 다음과 같이 생각해 본다. 그렇다면 그것은 공황 상태가 되는 것을 방지할 방법이 없다는 뜻일까? 우리를 공황 상태에 이끄는 문제를 해결할 수 있기 전에 반드시 먼저 공황 상태를 거쳐야 하는 것일까? 그렇다면 그것은 꼭 지구 온난화 문제가 아니라도 우리가 너무 늦기 전에는 결코 행동하지 않을 것이기 때문에 궁극적으로 파국에 이르고 만다는 뜻일까?

나는 아직도 그것을 제대로 지적할 수 없다. 여러분이 만약 그 답을 알고 있다면 www.gregcraven.org에서 내게 이야기해 주기 바란다.

내가 모든 대답을 가지고 있는 것은 아니다. 그리고 그 말이 나의 뇌리에서 계속 떠나지 않고 있다.

나는 확증 편향을 감시하는 것이 얼마나 어렵고 지겨운 것인지 알고 있다. 하지만 나는 가능한 탄탄하고 견고한 견해를 갖기를 바라기 때문에 어렵고 지겹지만 확증 편향을 감시한다. 특히 그 결과에 따라 우리 가족의 미래가 달려 있지 않은가. 간단히 말해 우리는 기후 변화에 대해 우리 평생에 걸쳐 가장 세심하고 신중하며 가장 자기비판적인 평가를 해야 한다.

도구 상자에서 이야기된 재난 가운데 하나—어리석은 행동 또는 어리석은 방관—의 결과로 끝난 뒤 우리가 기후 변화의 논의를 분석하기보다 환상적인 축구팀을 구성하는 데 더 많은 시간을 소비했음을 깨닫게 되면, 얼마나 어리석게 여겨질까?

치명적인 덫에서 우리를 지켜 줘: 신뢰도 스펙트럼

나는 외과 수술을 하거나, 진통제를 조제하거나, 자동차 변속기를 수리하거나, 기후학 *과학의 역사상 가장 복잡한 과학*의 미묘한 내용을 분석할 수 있는 자격이 없다. 그러므로 내가 이 분야들의 박사 학위를 받지 않는 이상, 중요한 사안에 대해서는 전문가들이 하는 말에 귀를 기울일 수밖에 없다.

앞에서 보았다시피 복잡한 과학적 문제를 대할 때 커다란 위험은 확증 편향, 무의식적 추측 등 우리 두뇌의 여러 가지 약점들과 마주치게 된다는 것이다. 이 장에서는 내가 그 같은 약점과 싸우기 위해 개발한 도구를 제시한다. 나는 나의 도구가 매우 강력하다는 것을 알게 되었다. 이 도구는 내가 각 사실들을 도구 상자에 넣기 위해 조사하면서 개연성과 결과를 추측하는 데 집중하게 했다. 이는 내가 어느 편이 옳은지 판단하려 드는 것을 막는 데 도움을 주었다.

신뢰도 스펙트럼을 그리자

우리는 논쟁에 뛰어들면 아마도 믿을 만한 증거에서 나온 진술에 더 많은 중요성을 부여하고 싶을 것이다. 하지만 인생에는 회색 영역이 훨씬 더 많다. 그래서 단지 '믿을 만하다', '못 믿겠다'로 양분되는 것이 아니라 신뢰도 스펙트럼을 만들자고 제안한다. 먼저 무엇을 언급하느냐(진술)가 아니라 그 말을 하는 사람이 누구인가(정보원)를 파악한다. 그래서 그들이 믿을 만한가? 자기들이 말하는 내용을 잘 알고 있는가? 확증 편향을 가질 가능성은 얼마나 되나? 등을 알아본다.

예컨대 내가 낯선 동네에서 믿을 만한 자동차 정비소를 찾고 있다고 하자. 그 전에 나는 다음과 같은 신뢰도 스펙트럼을 그릴 것이다.

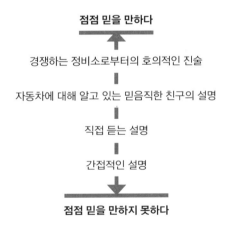

정비소를 선택하기 위한 예비적인 신뢰도 스펙트럼.

내가 이것을 예비적인 신뢰도 스펙트럼이라고 부르는 것은 이 스펙트럼이 정보원들의 신뢰도를 비교하는 것이지만 아직 정보원이 드러나 있지 않기 때문이다. 그런 뒤 정보원들에게 여러 가지 이야기를 들으면서 내용보다 그 사람들을 중심으로 스펙트럼에 표시한다. *아무것도 없는 크리스마스트리를 꾸미기 위해 장식을 다는 것과 같다.* 이것은 바로 우리에게 있는 확증 편향이라는 사기꾼을 이길 수 있는 방법이다.

만약 내가 두 곳으로 후보를 압축시켰다면 내가 들은 모든 진술을 스펙트럼 양쪽에 놓고—이것을 신뢰도 스펙트럼의 장식이라고 부른다—전반적인 검토를 할 수 있다.

예컨대 경쟁 업소들이 정비소 B를 추천했다면 이는 다른 정비소의 간접적인 추천 세 번보다 더 큰 영향을 끼친다. 물론 보장은 없다. 하지만 정비소 B로 가는 것은 어디로 갈지 고민하는 시간을 감안할 때 최상의 선택을 한 것이라고 확신할 수 있다.

예비적인 신뢰도 스펙트럼에 진술을 덧붙이는 과정은 매우 중요하다. 이는 다양한 진술을 통해 전반적인 파악을 할 수 있는 과정이며, 어느 한쪽에 치우친 한두 가지의 놀라운 진술보다 훨씬 더 믿을 수 있다. 이것은 좀 더 폭넓게 상황을 파악하고자 할 때나 결정타처럼 여겨지는 진술을 들었을 때 이에 현혹되지 않는 데 도움이 된다. *앞에서 살펴 본 붉은색 깃발 8을 돌이켜볼 것.* 그것은 소총을 겨냥하는 것과 비슷하다. 한 발을 쏘아서는 겨냥이 제대로 된 것인지 알 수 없지만, 여러 발을 쏘면 그 범위를 비교적 정확하게 파악할 수 있다.

이것이 바로 논쟁에서 개연성과 결과를 추출해 우리의 의사 결정 도구 상자에 집어넣는 과정이다. 보라! 우리의 도구 상자는 이제 거대한 돌연변이 우주 햄스터의 문제를 피할 수 있으며, 상충되는 수많은 추천들 사이에서 당황하지 않고 결정을 내릴 수 있다. 그러면 논쟁에서 누가 옳은지 판단할 필요 없이 도구 상자의 어느 세로줄이 가장 바람직한 선택이 될지에 대해 자신 있는 답을 얻을 수 있다. *진심으로 그러기를 바란다.*

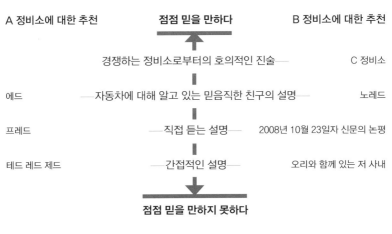

정비소를 고르기 위해 만든 신뢰도 스펙트럼.

신뢰도 스펙트럼은 또 단일한 정보원의 의존 가능성을 평가하면서 제대로 하고 있는지 불안할 때 이 불안감을 줄여 주기도 한다. 우리는 전체적인 것을 파악하려는 것이기 때문에 정보원 하나를 정확히 스펙트럼에 어디에 두어야 하는지 걱정할 필요가 없다. 오류가 약간 있더라도 전체적인 균형을 보는 것이기 때문이다. 대강만 알더라도 충분히 많은 압력을 해소할 수 있기 때문에 스펙트럼의 사용을 망설이지 않을 것이다.

이제 채워 넣으면 된다

내가 알기에 신뢰도 스펙트럼은 순전히 내가 만든 것이기 때문에, 올바른 것이 하나도 없다. *내가 무슨 자격이 있겠는가?* 이 장의 끝부분에 지구 온난화의 논쟁에서 사용할 여러분 자신의 신뢰도 스펙트럼을 만드는 공간을 마련할 것이다. 이것은 내가 처음에 약속했으며 계속 발전시켜 나갈 '우리 자신의 결론을 이끌어 내는' 과정의 첫 단계이다.

나는 예비적인 신뢰도 스펙트럼을 만들기 전에 먼저 정보원의 신뢰가 우리에게 영향을 미치는 요인들에 대해 생각해 보기를 권한다. 이렇게 하면 어떤 정보원을 어디에 놓을 것인지 판단하는 데 도움이 될 것이다.

내가 사용하는 요인들은 내 자신의 경험과 가치관을 바탕으로 하고 있고 여러분의 요인들은 여러분 자신의 경험과 가치관을 바탕으로 한다. 내가 내 요인들과 그 결과를 채운 신뢰도 스펙트럼을 소개하는 것은 내가 옳기 때문이 아니라 그 과정을 설명하기 위해서이다. 여러분도 자신의 신뢰도 스펙트럼을 만들 때 여러분 자신의 요인들을 다루게 될 것이다.

전문성

신뢰도를 확립하는 데 내가 사용하는 첫째 요인은 전문성이다. 정보원들이 각자 하는 일에 대해 얼마나 많이 알고 있는가? 전문적인 교육을 받았는가? 새로 등장한 사람들인가, 아니면 오래전부터 알려진 사람들인가? 잘 알려진 사람인가? 기후에 대해 이야기하고 있는 사람이 기상학자나 기후학자인가? *기상학자들은 단기적 · 국지적 규모의 날씨에 대해 연구한다. 기후학자들은 장기적 · 대규모 기후 패턴에 대해 연구한다. 그러므로*

기후 변화 문제에 대해서는 후자가 더 전문성을 지닌다. 경제학자가 과학에 대해 이야기하거나, 과학자가 경제학에 대해 이야기하는 것인가? 달리 말해 그들이 올바른 결론에 이를 가능성이 얼마나 되는가?

편견

둘째 요인은 편견의 잠재성이다. 정보원들이 결론을 내리는 과정에서 사실을 왜곡할 가능성이 얼마나 될까? 그들에게 다른 의도가 있는 것은 아닐까? 내가 그 말을 믿음으로써 그들에게 어떤 손익이 있을까? 예컨 대 A를 팔아 생계를 유지하는 누군가가 A를 써 보기를 권한다면 나는 그 말을 흘려버리겠지만 제3자의 추천이 있다면 이는 중요시할 것이다. 그 경쟁자가 "당신에게만 알려주는 거니까 이 말은 우리 사장에게 하지 말아요. 우리 것보다는 그 사람 제품이 정말 훨씬 낫다니까요." 하고 말 한다면 이를 더욱 중요시하게 된다.

과거의 행적

정보원의 과거 행적은 어떤가? 할 수만 있다면 그들의 추천이나 평가 가 과거에 얼마나 믿을 만한 것이었는지 알아보자. 반대했던 견해에 대 해 이전의 입장을 바꾸어 동의한 적이 있는가? (그것이 항상 비난할 만한 일 은 아니다. 실은 합리성의 표시가 될 수도 있다. 하지만 이는 정보원의 조언을 얼마 나 믿을지에 대한 지표가 될 수도 있다.) 2003년 4월 미군이 바그다드를 침공할 때의 이라크 공보부 장관을 기억하는가? 기자들이 미군 전차들이 진입해 들어오 는 소리를 들었을 때조차 그 장관은 미군이 바그다드에 들어왔다는 보도는 거짓 이라는 주장을 되풀이했다! 이래서야 신뢰할 수 없다. 그 사람이 하는 말에는 어떤 경향이 있었는가?

과거의 행적 가운데는 파악하기 쉬운 것도 있다. 정보원이 청원서에 서명한 사람이라면 그의 행적을 알아내기 위해서 많은 노력을 기울여야 한다. 하지만 전문 기관이나 두뇌 집단에 속한 사람들이라면 그들의 웹사이트(또는 위키피디아)를 통해 과거에 그들이 무슨 말을 했으며 무엇을 권고했는지 쉽게 알아볼 수 있다.

나는 온난화 지지자와 회의론자의 수많은 블로그가 반대편에 속하는 개개인의 과거 행적을 훌륭하게 정리해 놓은 것을 발견했다. *우리의 실수를 지적하는 데는 적보다 더 유능한 사람이 없는 법이다!* 이 책 끝에 가장 주목할 만한 블로그 몇 개를 소개한다. 여러분이 높이 평가하는 진술을 했던 개인이나 단체의 과거 행적을 살펴보는 데 이용하기 바란다.

권위

내가 비디오에서 권위를 참고하라고 말하자 분노하는 사람도 있었다. 대부분의 사람들은 전문가들이 하는 말을 살펴보라는 내 제안을 '권위자의 주장'이라면서 무시했는데, 그것은 고전적인 논리적 오류이다. 사실 수학처럼 자명한 이치와 성문화된 규칙으로 이루어진 형식적인 논리 체계에서는 어떤 견해가 옳고 그름을 판단할 때 권위에 호소하는 것이 타당하지 않다. 하지만 불확실성이 많고 복잡한 구체적인 세상을 다루어야 하는 과학은 형식적인 논리 체계가 아니다.

앞에서 살펴보았다시피 과학에서는 권위가 중시된다. 물론 그렇다고 해서 권위자의 말이 무조건 다 옳다는 뜻은 아니다. 그러나 권위자의 진술은 권위가 적은 사람의 말보다 사실일 가능성이 더 많다. 물론 갈릴레오 갈릴레이 같은 경우도 있다. 갈릴레오는 당시의 과학적 권위—교회가 해석한 아리스토텔레스의 글—와 모순된 의견을 내놓았지만 결국 그가 옳았다. 하지만 갈릴레오와 같은 사람은 흔치 않다.

일반 과학자들의 경우 다른 과학자들이 얼마나 자주 그 성과를 인용하느냐를 보고 그 과학자의 권위를 알아볼 수 있다. 즉 다른 과학자들이 논문을 쓰면서 자주 인용하는 특정 과학자의 글이 있다면 이를 통해 그 과학자의 권위를 파악할 수 있는 것이다. 그것은 학교 무도회에서 왕과 왕비를 투표로 선발하는 것과 비슷하지만, 사교적인 인기가 아니라 그 과학자가 거둔 성과를 바탕으로 한다는 점에서 분명히 다르다.

'퍼블리시 오어 페리시(www.harzing.com/pop.htm에서 볼 수 있다)'는 구글 스칼러(Google Scholar)를 조사해 개별적인 H지수(과학자의 논문을 다른 과학자들이 얼마나 자주 인용하는지를 대략적으로 해석하는 것)를 제공해 주는 공짜 프로그램이다. H지수는 과학계에서 한 과학자가 거둔 성취도의 척도로 사용하는 숫자이며, 과학계의 가장 커다란 명예인 노벨상 수상이나 미국 국립 과학원 회원으로 선발되는 것과 밀접한 관련이 있다.

또한 웹사이트 www.eigenfactor.org에서 논문 영향력 점수를 통해 전문가 검토가 이루어지는 간행물의 권위를 파악할 수 있다. 이것도 과학자들이 그 간행물에 게재된 논문을 몇 번이나 인용하는지를 대략적으로 해석한 숫자이다. 논문 영향력 점수는 과학계에서 일반적으로 사용하는 영향력 계수와 비슷하지만, 우리 일반인들이 접근하기 훨씬 쉽다. 간행물에 따라서는 계산할 수 없을 정도로 드물게 논문이 인용되기 때문에 논문 영향력 점수(또는 영향력 계수)가 없는 경우도 있다. 이것은 과학계에서 권위가 아주 없다는 뜻이다.

이들 숫자는 누가 주는 것이 아니다. 수많은 과학적 노력들에 장점이 있느냐—누군가 그것을 활용하느냐—를 최종적인 척도로 하여 계산된 것이다. 기본적으로 그 숫자가 높으면 높을수록 다른 과학자들이 그 개인이나 간행물에 더 많은 권위를 부여한 것이다.

자신의 명성

정보원들은 명성을 얻을 목적으로 어떤 특정한 진술을 할까? 내가 새로운 정비 업소보다 잘 알려진 정비 업소를 신뢰하는 것도 같은 이유이다. 그들이 2년 뒤에도 영업을 계속할 생각이 있다면 많은 사람들을 화나게 하지 않으리라고 믿는 것이다. 그러나 빨리 한몫 잡을 생각만 하는 곳이라면 그 명성과 가게를 유지하는 데 투자하지 않으리라 생각한다.

H지수나 논문 영향력 점수를 통해 과학자가 진술을 하거나 간행물이 논문을 수록함으로써 얼마나 많은 명성을 누리고 있는지 파악할 수 있다. 그런데 지켜야 할 명성이 많은 사람이나 단체는 더욱 보수적인—덜 위험한— 진술을 하는 경향이 있다. 정보원이 되는 사람이 얼마나 오래 활동해 왔는지도 평가를 내리는 데 도움이 된다. 일반적으로 그 사람의 역사가 길수록 지켜야 할 명성도 큰 법이다.

| 여기에 채워 넣으면 된다

물론 이들 요인들 사이에는 겹치는 것이나 상호 작용이 이루어지는 것도 많으며 확실한 것은 아무것도 없다. 하지만 신뢰도 스펙트럼의 가장 큰 장점은 이것이다. 이것이 얼마나 가치 있는지 알기 위해 내가 과학자들이나 저술가들과 만나 이것을 비판해 달라고 요청하자, 온난화 지지자와 회의론자 양편 모두에게서 내 스펙트럼이 상대편에게 더 신뢰도를 부여하게 될 것이라는 똑같은 비판을 받았다. *양극화된 논쟁에서 양편에게 모두 미움을 받는 것은 우리가 중간 지역을 찾아냈다는 뜻일까? 아니*

면 우리가 이상하게 행동한다는 뜻일까? 여러분이 판단하라! 내 스펙트럼의 계층은 다음과 같다.

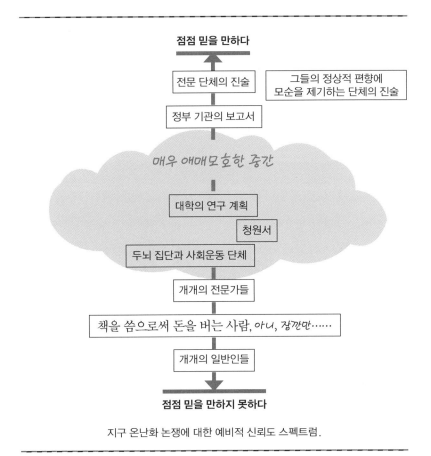

지구 온난화 논쟁에 대한 예비적 신뢰도 스펙트럼.

일반 개인

나는 맨 아래(가장 믿을 만하지 못한 것)에 개개의 일반인을 놓는다. 우리는 편견에 기울기 아주 쉽고, 이 논쟁의 주된 분야인 기후학이나 경제학에 전문 지식도 없다. 그렇다고 해서 개인들로부터 배울 것이 전혀 없는 것은 아니다. 그들도 사물을 보는 새로운 방식을 갖고 있을 수 있고 앞으로 내가 그들을 인용하는 것도 보게 될 것이다. 단지 필요 이상으로 그들의 정보에 의존하지 않을 뿐이다.

나는 이 계층에 블로그도 함께 놓는다. 하지만 반듯한 웹사이트가 대부분 한 개인의 노력에 의한 것인지—그렇다면 이 계층에 어울린다—, 아니면 어느 단체의 노력에 의한 것인지—그렇다면 스펙트럼에서 약간 올라갈 것이다—를 때때로 구분하기 어렵다. 뒤쪽의 두뇌 집단 및 사회운동 단체를 참고할 것. 최선을 다해 보자.

개인에 대한 주

논쟁에 뛰어들 때 한 가지 주의할 점이 있다. 그것은 진술의 내용을 공격하는 것이 아니라 그 사람을 공격함으로써 청중을 동요시키는 것이다. "이 사람은 고양이를 고문하는 사람이니까 그의 말을 믿어서는 안 된다"는 식이다.

이것은 형식적인 논리 체계에서 해서는 안 되는 오류 가운데 하나이다. 기후 변화의 논의에서도 서로 인신공격을 한다고 비난하면서 상대방의 주장을 무시하려는 사람을 보게 될 것이다. 그러나 신뢰도를 확립할 경우 개인에 대한 언급이 모두 그런 공격은 아니다. 멍청하기 때문에 신뢰도가 없다고 말하는 것과, 달이 치즈로 만들어져 있다고 주장하기 때문에 신뢰도가 없다고 말하는 것은 전혀 다른 일이다. 전자는 신뢰도에 전혀 영향이 없지만 후자의 경우는—적어도 과학의 문제들에 있어서는—분명히 있기 때문이다.

좋은 예를 소개한다. 〈커다란 지구 온난화 사기(The Great Global Warming Swindle)〉라는 다큐멘터리 영화의 제작자 마틴 더킨이 어느 비평가의 전자 우편에 답하면서 '×할 놈'이니 '× 같은 새끼'라고 했다는 사실이 알려지자, 그를 비판적으로 생각하는 사람들이 영화를 불신하게 만들기 위해 이 일을 널리 퍼뜨렸다. 우리는 이것이 더킨에 대한 인신공격이며 우리에게 마음이 그 영화의 신뢰도를 떨어뜨리려는 은밀한—그리고 효과 없는—시도임을 알아차리게 될 것이다. 그러나 나중에 그 영화에 사용된 어느 중요한 그래프의 데이터가 오류임을 발견했다고 더킨이 인정했을 때는 그 영화의 신뢰도를 재평가하는 것이 적절했다. 그것은 영화 내용의 신뢰성에 영향을 미치는 것이기 때문이다.

각 전문가

일반 개인 위에 기후학과 경제학 분야에 종사하는 전문가들이 위치한다. 전문가들도 개인이니만큼 그들도 편견을 가지기 쉽다. *편견을 확인하고 피하는 방법을 훈련하기 때문에 일반인들보다는 적겠지만.* 그러나 그들의 전문 분야 또는 밀접하게 관련된 분야에 대해 이야기할 경우에는 전문성을 지닌다. 하지만 경제학자의 경우 편견을 제거하는 훈련을 반드시 받는 것은 아니므로 그들이 보통 일반인보다 편견이 적다고 말하기는 어렵다. *경제학자의 훈련에 대해서는 나중에 다시 이야기한다.* 하지만 적어도 그들은 이 논쟁의 중요한 두 분야인 과학과 경제학 가운데 하나에서 훈련을 받은 사람이다.

이 스펙트럼은 기후학에 대해 이야기를 하지만 기후학에 대해 아무런 훈련을 받지 않고 학문적 연구 경험도 없는 과학자들은 어디에 위치시켜야 할지 모르겠다. 논쟁에서 기후학자들만큼 신뢰도를 부여하지는 않겠지만, 그러나 그들도 과학적 훈련을 받았으므로 현재 일어나고 있는 상황을 판단하는 데는 개개의 일반인보다 좀 더 준비된 셈이다.

앞서 언급한 '퍼블리시 오어 페리시'를 사용해 그들의 H지수를 판단함으로써 개별 과학자들의 권위를 파악할 수 있다.

매우 애매모호한 중간: 두뇌 집단, 사회운동 단체, 청원서, 연구 계획

다음의 몇 가지는 더 높은 곳에 놓기는 하지만 내 생각에는 서로 우열을 가릴 수 없기 때문에 그들을 한데 묶어 중간에 놓기로 한다.

카토 연구소와 그린피스 같은 두뇌 집단과 사회운동 단체는 그 중간 어딘가에 위치한다. 그들에게는 분명히 의도가 있지만, 한 개인보다 훨씬 많은 자원을 가지고 있으므로 훨씬 철저하게 전문성 요인을 증대시킬 수 있다. 반면에 그들 가운데 다수는 특정한 관점을 발전시키기 위해 형성되었기 때문에 확증 편향이 커질 수도 있다. 그들의 신뢰도를 평가하기 위해서는 그 단체들이 나중에 어리석게 보일 만한 주장을 하지 않음으로써 명성을 유지하려고 얼마나 많이 노력하는지를 고려해야 한다.

매우 애매모호한 중간에 집어넣은 또 하나의 범주는 3만 1000명이 서명한 '지구 온난화 청원 계획' 문헌이나 1700명이 서명한 '온실 가스 배출의 신속하고도 급격한 감축에 대한 미국 과학자 및 경제학자의 요구' 문헌 등과 같은 청원서나 성명서이다. 서명자들은 그들이 무엇을 하고 있는지 잘 알고 있겠지만, 문제는 그들이 각자의 판단에 따르는 것이다. 당연히 청원서에는 반대자가 없으므로 편향의 요인은 매우 크다. 게다가 그들은 단체도 아니므로 보호해야 할 단체의 명성이나 살펴볼 수 있는 과거의 행적도 없다.

청원서의 중요성을 판단하는 한 가지 방법은 서명자를 살피는 것이다. 그들이 누구인가? 자신들의 전문 분야에 관해 이야기하고 있는가? 그들의 이름과 소속을 밝혔는가(즉 그들의 명성을 내걸었는가)? 그들에게는 어떤 권위가 있는가(노벨상 수상자나 다른 업적을 가진 사람인가)?

나는 청원서의 제목이나 서명자의 수는 물론이고 더 자세히 살펴야 함을 깨달았다. 세상에는 서로 다른 신뢰도를 지니는 청원서가 있기 때문이다. 다행스럽게도 그것을 위해 대대적인 조사 연구를 할 필요는 없다. 그 청원서의 배경을 몇 분만 살펴보면 대체로 그 진술의 신뢰도를 충분히 파악할 수 있기 때문이다.

서명자의 수에 관해 말하자면 나는 양보다 질이 훨씬 중요하다고 생각한다. 저급한 서명은 돈과 시간만 있으면 얻을 수 있지만, 그렇게 한다고 해서 그 진술의 신뢰도가 높아지는 것은 아니다.

서명자의 성명과 소속이 밝혀져 있다면, 우리는 시간이 날 때 그들의 과거 행적과 전문성, 권위 등을 살펴볼 수 있다. 서명자의 성명이 밝혀져 있지 않다면 우리가 그 청원서에 신뢰도를 부여할 때 영향을 미칠 것이다. 그것은 중요한 차이이다. 익명은 신뢰할 수 없다. *왜 그들은 성명을 밝히지 않으려는 것일까?*

나는 스탠퍼드 대학교의 에너지 모델링 포럼—주로 기후 변화의 정책에 관련된 경제학을 살펴본다—이나 예일 대학교의 기후 변화 프로젝트 같은 대학의 연구 계획을 중간보다 조금 더 높은 곳에 위치시키려 한다. 이들이 일반 두뇌 집단보다 더 믿을 만하다고 생각하기 때문이다. 비교적 연구비와 이해관계의 거리가 멀고 분명 전문성과 보호해야 할 명성이 있다. 우리가 원한다면 그들의 과거 행적도 살펴보기 아주 쉽다. 그러나 자유 시장이나 환경의 보호 등 몇 가지 원칙 추구를 근간으로 하므로 확증 편향이 여전히 크게 영향을 미칠 수 있다는 것도 잊지 말아야 한다.

정부 기관의 보고서

주요 보고서를 요구하는 정부의 지도자들은 편견의 대가들이지만, 보고서를 작성하는 관료나 과학자들은 그렇지 않은 경우가 많다. 그래서 나는 그런 보고서의 확증 편향 요인이 매우 낮다고 생각한다.

대규모 보고서는 서로 다른 아주 많은 사람들이 작성하고 서로 다른 아주 많은 이해 당사자들이 검토하기 때문에 그 과정이 전문가 검토 과정과 비슷하다. 작성자들은 그들의 발견을 보고하는 데 보수적이며—그 결과를 과장하지 않는다—매우 자신감을 느끼는 경향이 있다. 그래서 나는 보통 정부의 보고서를 신뢰도 스펙트럼에서 아주 높은 곳에 위치시킨다.

자신의 정상적 편향에 모순을 제기하는 정보원과 전문가 사회

나는 신뢰도 스펙트럼의 맨 위에 가장 중요한 두 정보원을 놓는다. 그 둘의 우열은 가릴 수 없다. 하나는 자신의 정상적 편향에 모순된 의견을 제기하는 단체의 진술이다. 예컨대 한 지방의 목재업 로비 단체가 "우리는 이 삼림의 건강을 위해 그곳을 벌채할 수밖에 없었다"고 하더라도 나는 그 말을 믿지 못할 것이다. 하지만 만약 민간 환경 단체인 시에라 클럽에서 이 말을 했다면, 벌떡 일어나 메모를 할 것이다. 시에라 클럽이 그들의 정상적 태도와 모순되는 행동을 한다면 그 이유는 주목해야 하기 때문이다.

다른 하나는 바로 전문 단체이다. 미국 의학 협회나 미국 건축가 협회처럼, 특정 의도를 연구하기 위해서가 아니라 단지 특정 전문직의 소통과 교육의 필요에 봉사하기 위해 존재하는 단체의 진술이다. 이들 단체의 편향이나 정치적 성향은 최소한에 그칠 것이다. 전문성의 수준은 매

101

우 높다. 이들 단체는 어느 누구보다 그 분야에 대해 많이 알고 있는 사람들로 구성되기 때문이다. 게다가 그런 단체가 성명을 발표할 경우에는 그들 구성원의 대부분이 동의해야 하므로, 우리가 얻은 것은 바로 전문가 집단의 총체적인 동의인 셈이고 이것은 결코 작은 것이 아니다. 그리고 그 단체가 오래되었거나 권위가 높을수록 지켜야 할 명성은 더욱 커진다. 그러므로 나중에 어리석게 여겨질 의견을 함부로 내놓지 않으리라고 확신할 수 있다.

미국 석유 지질학자 협회는 회원들의 이의 제기에 따라 2006년에 지구 온난화에 대한 그들의 공식적인 진술을 변경했다. 문제는 그 협회가 수여하는 언론상이 소설가 마이클 크라이튼에게 돌아가면서 일어났다. 그는《공포의 제국》이라는 소설을 썼는데 그 소설에 지구 온난화가 직업의 보장이라는 이해관계 때문에 과학자들이 만들어 낸 거짓말이라고 묘사된 부분이 있었던 것이다. 이에 많은 회원들이 회원 자격을 갱신하지 않았고, 그 결과 협회는 기후 변화에 관한 훨씬 중립적인 진술을 새로 채택했다.

그러므로 전문 단체의 진술이라고 해서 모든 구성원이 동의한다는 뜻은 아니다. 하지만 그 진술이 전체 회원들이 믿는 것으로부터 너무 멀어질 경우 그 단체는 결국 협회의 공식 입장을 정상으로 되돌릴 것이다.

간단히 말해 전문 단체는 지구상에서 가장 훌륭한 전문가들의 집합체이며, 보호해야 할 엄청난 명성, 쉽게 확인할 수 있는 과거의 행적, 오류에 빠지기 쉬운 인간들로 이루어진 단체 가운데 최소화된 확증 편향을 가지고 있다. 바로 그 때문에 나는 전문 단체가 가장 믿을 만한 정보원이라 생각한다. 그리고 과학이 알고 있는 것이 무엇인지 알아내려고 할 때 그보다 등급이 높은 것을 생각할 수 없다. 이들 단체가 완벽하지 못하다는 것은 하느님도 알고 있다. 하지만 그보다 더 좋을 수는 없다.

반대의 목소리

전문 단체에서 나온 진술들에 대한 내 평가에 모든 사람이 동의하는 것은 아니다. 아주 주목할 만한 사람이 저명한 회의론자 리처드 린드즌이다. 그는 MIT의 기후학자이며 〈월 스트리트 저널〉에 그 문제에 관해 많은 글을 기고했다. 나는 이 책을 쓰기 시작할 때부터 그와 만나 내가 만든 신뢰도 스펙트럼이 지구 온난화 쟁점에 관한 온갖 진술을 파악하는 데 타당한 방법이라고 생각하는지 물었다. 우리는 특히 과학 전문 단체를 스펙트럼의 정상에 두는 것에 대해 폭넓은 논의를 거쳤다.

몇 달 뒤 그는 온라인으로 논문을 발표했는데, 거기서 그는 '전문 단체들의 영향력을 통해 과학을 정치화하는 의식적인 노력'을 검토하면서, 과학 전문 단체들—가장 주목할 만한 것이 미국 국립 과학원—이 '환경 운동가들'과 '지구 온난화에 대한 기우자들'에게 많은 영향을 받고 있기 때문에 그들 단체의 진술이 의심스럽다고 주장했다.

경제학에 관한 한 마디

위험한 기후 변화가 사실인 경우 왜 그것과 싸우기 위해 행동하지 않느냐는 물음에 대한 근본적인 답은 경제를 위태롭게 하기 때문이라는 것이 일반적이다. 따라서 근년의 대중적인 논쟁에서 경제학자들도 주된 역할을 맡게 되었으므로, 여기서도 조금 논의할 필요가 있다.

나는 기후 변화에 대해 경제학자들의 말을 듣는 것은 어떤 약을 복용할지를 의사가 아니라 의료보험 담당자의 말을 듣고 결정하는 것과 비숫하다는 이야기를 들은 적이 있다. 하지만 그것이 아주 공정한 말이라고는 생각하지 않는다. 매우 중요한 거시적인 관점에서 경제학자들의 전문성도 감안해야 하기 때문이다. 결국 지구 온난화에 관해 우리가 궁극적으로 우려하는 것은 우리의 생활수준에 미치는 영향이며, 경제학자들이 연구하는 것이 바로 그것이다.

그와 동시에 경제학자와 과학자의 몇 가지 중요한 차이를 기억하는 것이 중요하다. 과학자들은 그들 자신의 추측에 대하여 방어하는 방법을 특별히 훈련 받지만, 경제학자들은 그렇지 않다. 그러므로 일반적으로 경제학자는 과학자보다 편견에 치우치기 쉽다.

그리고 모든 과학자들이 경험론적인 증거가 최종적인 권위라는 생각을 공유하는 반면, 경제학자들은 각각 독특한 생각을 바탕으로 그 자체의 결론을 유도하는 여러 학파—오스트리아 학파, 케인스 학파, 신고전학파 등등—가운데 하나를 선택해야 한다. 예컨대 경제학자는 20년 뒤 한 어린이가 죽는 것이 지금 당장 죽는 것과 어떤 차이가 있는가 하는 질문에 답을 해야 한다. 이와 마찬가지로 경제학자들은 현재와 비교해 미래 사람들의 복지를 얼마나 '할인'할 것이냐를 연구한다. 지금으로부터 1년 뒤는? 100년 안에는 어떻게 될까? 이 '할인율'의 선택은 근본적으로 윤리적인 결정이며, 받아들이기 쉽지 않은 것이다. 그런 이야기를 듣는 일이 드문 것도 그 때문이다. 하지만 거의 모든 경제학적 예측은 이 선택에 크게 좌우된다.

그렇다고 해서 경제적 예측이 소용없다는 뜻은 아니다. 다만 경제학적 예측을 지나치게 신뢰하면서 받아들일 필요는 없다는 말이다. 왜냐하면 대개 전문 용어 속에 감추어진 추측과 윤리적 선택에 의해 경제적 예측이 결정되기 때문이다. 따라서 경제학자들의 이야기는 우리가 위험을 평가할 때 근거로 삼을 또 하나의 정보로 간주하면 된다.

기후 변화의 경제학에 관한 문제가 제기될 때 나는 일반적으로 경제학자를 신뢰도 스펙트럼에서 개별적인 전문가 수준 바로 아래에 위치시킨다. 기후 변동의 과학에서 경제학자들은 과학자들만큼 불확실성을 해석하는 훈련은 받지 않지만 논쟁에 필요한 전문성은 지니고 있기 때문이다.

가장 이득이 되는 선택

이처럼 신뢰도 스펙트럼을 조심스럽게 만들면서 염두에 두어야 할 매우 중요한 사실은 바로 전적으로 내가 만들었다는 것이다. 그렇다, 내가 마술을 부려서 끄집어냈고 현재로서는 별다른 문제가 없는 상태이다. 그렇지만 나는 그 스펙트럼 맨 아래쪽 가까이에 있는 사람에 지나지 않는다.

이제는 여러분도 자신의 신뢰도 스펙트럼을 만들 때다. 여러분을 위해 아무것도 적혀 있지 않은 스펙트럼을 준비했다. 그리고 여기에 여러분 자신의 것을 만드는 데 필요한 정말 멋진 방법을 소개한다. 어느 누구도 자기의 것이 가장 타당하다고 주장할 수 없다! 다음과 같은 중요한 사실 때문이다.

신뢰도 스펙트럼을 사용한다고 해서 우리의 결론이 더 타당하다고 주장하는 것은 아니다. 우리의 두뇌가 만들어 내는 확증 편향이라는 치명적이고 비생산적인 덫으로부터 우리를 지키는 데 도움을 얻으려는 것이다.

신뢰도 스펙트럼을 사용하는 궁극적인 목표는 논쟁에서 이기는 것이 아니라 우리에게 도움이 되는 실용적인 판단을 하는 것이다.

신뢰도 스펙트럼을 만들면 우리가 어떤 말에 동의하거나 안 하거나 관계없이 그 진술을 얼마나 중요시할 것인지 미리 정함으로써 확증 편향을 막는 데 도움이 된다. 증거를 찾기 전에 여러분도 그것을 만들어 두면 좋다.

그러므로 기후 변화에 관한 다양한 정보원들의 진술을 소개하는 다음 장으로 들어가기 전에 여러분 자신의 예비 신뢰도 스펙트럼을 만들기 바란다. 그것은 여러분이 스스로에게 공정해지기 위한 유일한 방법이며, 여러분의 견해를 이전보다 더욱 구체적 현실에 근접시키는 데 도움이 된다.

일단 예비 신뢰도 스펙트럼을 만들었다면—이것도 똑같이 매우 중요하다—여러분이 생각하는 것, 아무리 당혹스럽거나 즐거운 것이라도 그에 상관없이 그 모든 상황에 지속적으로 적용시켜라. 두뇌가 늘 사용하도록 해서 신뢰도 스펙트럼의 위력이 발휘되면 인간 심리가 벗어날 수 없는—그러나 관리 가능한— 부분으로 우리를 회복시킨다. 그것이 우리에게 도움이 되고 우리에게 가장 이득이 되는 선택을 하게끔 도와주는 것도 바로 그 때문이다.

그리고 우리가 모두 똑같은 신뢰도 스펙트럼에 동의할 필요가 없는 것도 매우 편리한 일이다. 우리 입맛에 맞추어 바꿀 수도 있다. 그리고 비용이 전혀 들지 않는다!

대단한 일이다!

이제 여러분의 예비 스펙트럼을 만들 차례이다

예비 스펙트럼을 만들면서 가장 중요한 첫 번째 단계는 바로 신뢰도일 것이다. "내가 특정 정보원에게 어느 정도의 신뢰도를 부여할 것인가?"를 먼저 생각하는 것이다. 이것을 사전에 정함으로써 우리는 자신이 마음에 드는 내용을 말하는 정보원과 마주쳤을 때 스며드는 확증 편향을 방지할 수 있다.

다음으로 다른 종이에 여러분이 기후 변화에 대해 듣거나 조사하면서 마주칠 것으로 생각되는 정보원의 종류를 생각나는 대로 적는다. 이것이 어렵게 느껴질 수도 있다. 그렇지만 이때는 실제 정보원의 이름이 아니므로 부담 갖지 않아도 된다. 정치적 지도자, 미디어 논평가, 신문 논설위원 등 정보원의 종류를 적어 놓으면 된다. 그다음은 바로 신뢰도에 영향을 미친다고 생각하는 요인들을 바탕으로 정보원의 종류를 서로 비교해 등급을 매기는 것이다. 이 부분이 가장 어려울 것으로 생각된다. 단어장 같은 작은 종이에 따로 적어 그 순서를 쉽게 바꿀 수 있도록하고 그 등급을 확정한 뒤 책에 옮겨 적으면 좋다. 각각 그들의 신뢰도 요인을 자세히 적을 수도 있다. 만약 필요하다면 '애매한 영역'이라는 등급을 만들어도 무방하다.

여기에서 세부적인 내용은 그다지 문제가 되지 않는다. 최종적인 목적은 전반적인 내용 파악이라는 것을 기억하자. 일단 정보원을 신뢰도에 따라 배치한 다음 그들을 이 책의 예비적 스펙트럼에 옮겨 적고 각정보원의 오른쪽 칸에 왜 거기에 놓았는지 이유를 간단히 적는다. 만약이유를 적기 어렵다면 그 정보원의 위치를 다시 검토해야 한다는 신호일지도 모른다.

정보원의 신뢰도에 영향을 미치는 요인

세부 사항:

요인: *

세부 사항:

요인:

세부 사항:

요인:

세부 사항:

요인:

세부 사항:

요인:

*요인이 신뢰도에 영향을 미치는 이유, 그것이 어떻게 신뢰도를 증대시키거나 감소시키는지에 대한 사례 등등.

점점 믿을 만하다

정보원의 종류	여기에 두는 이유 여러분의 신뢰도 요인을 사용할 것.

점점 믿을 만하지 못하다

109

탐험을 위한 준비

잠깐! 앞에서 여러분의 예비적 신뢰도 스펙트럼을 만들었는가? 논쟁에 뛰어들기 전에 먼저 반드시 만들어야 한다. 그것은 지구 온난화에 관한 우리의 이해관계에 가장 훌륭하게 기여할 판단에 이르는 가장 유용한 도구의 하나이다.

여러분은 '가장 커다란 위협이다', '거짓말이다' 등 지나치게 자신만만하거나 모순투성이 경고들의 소란스러운 논쟁을 피해 이 책까지 찾아왔을지도 모른다.

그러니까 책의 절반 가까이에 이르는 지금까지 휴식을 취했으므로 이제 다시 여러분을 거기에 들여보내려고 한다. 하지만 이번에는 여러분도 준비가 되어 있다. 이제 상당한 훈련을 거친 만큼, 지식인이나 환경 운동가, 네오콘과 같은 폭력배들, 기업의 야바위꾼 등이 여러분을 위협해도 순순히 무너지지 않을 것이다. 초점도 맞추어져 있다! 자신이 무엇을 찾고 있는지 정확히 알고 있다! 게다가 견고한 방어 기법도 지니고 있다! 바로 기후의 특공대이다! *야!*

기후 특공대는……	특공 기술
핵심을 알고 있다!	지구 온난화에 관한 가장 효과적인 물음은 '그것이 사실이냐'는 것이 아니라 '위험과 불확실성을 감안할 때 해야 할 가장 신중한 일이 무엇이냐'는 것임을 알고 있다.
무엇을 찾고 있는지 정확히 알고 있다!	논쟁에 들어설 때 의사 결정의 도구 상자에 들어갈 가로줄의 가능성과 도구 속에 들어갈 내용을 찾고 있다.
견고한 방어 기법을 가지고 있다!	과학의 본질에 관한 이해, 자신의 확증 편향에 대한 인식, 상반된 진술을 균형 있게 파악할 수 있는 신뢰도 스펙트럼 등을 갖추고 있다.

나는 다음의 두 장에 걸쳐 지구 온난화 논쟁의 양편에서 나오는 진술을 여러분에게 소개하려 한다. 물론 책 한 권 *또는 월드와이드웹*을 가득 채울 정도로 많은 진술이 있다. 그래서 나는 그 가운데서도 가능한 내 신뢰도 스펙트럼에서 높은 위치를 차지하는 양편의 정보원을 찾아 나섰다. 그들은 많지 않으므로 대중적 논쟁에서 상당한 역할을 하는—내 스펙트럼의 낮은 곳에 있는—진술들까지 포함한다.

제6장에는 온난화 지지자들의 진술, 제7장에는 회의론자들의 진술이 있다. 그리고 제8장에서는 온난화 지지자들 주장의 배경을 탐구하면서 그들이 왜 기온 1, 2도를 가지고 야단인지 파악해 보려고 한다. 무심한 관찰자에게는 그것이 이성적이지 않은 것처럼 보이기 때문이다. *이봐, 나는 가끔 쌀쌀한 느낌이 들거든.*

내 선택은 결코 완벽한 것이 아니다. 내가 정말로 하고자 하는 것은 이 책에서 제안하고 있는 위기관리의 도구를 응용하는 방법을 보여 주려는 것이기 때문이다. 나는 다만 칠판에 예제를 푸는 것을 보여 줄 뿐이다. 만약 이 쟁점에 관해 공명정대하고 최종적인 평가를 제시하려고 한다면, 그것은 또 하나의 "나를 믿어라!" 하는 소리에 지나지 않게 된다. 그렇지만 여러분은 그런 소리를 지겹게 들었고 그래서 이 책을 읽고 있을 가능성이 많다.

그래서 나는 비록 제9장에서 내 자신의 결론을 함께 나누지만, 제10장에서는 여러분 자신이 그 문제를 풀어 볼 기회를 마련한다. 거기에서 여러분은 자신의 신뢰도 스펙트럼, 내가 제시하는 정보원, 그리고 내가 이 책에 포함시키지 않았지만 여러분이 중요하다고 생각하는 다른 진술 등을 사용하게 될 것이다.

적응 vs 완화

복잡한 논쟁을 단지 온난화 지지자와 회의론자로 묶는 것은 물론 아주 무모한 일이다. 복잡한 문제를 단순화하려고 애쓸 때마다 뭔가 으깨어지는 듯 거북한 느낌이 들게 마련이다. 다음은 회의론자들의 믿음을 몇 가지로 간추린 것이다.

1. 지구는 따뜻해지고 있지 않다.

2. 지구는 따뜻해지고 있지만, 인간이 그렇게 만든 것은 아니다.

3. 우리가 지구를 온난화시키고 있지만, 그 변화는 미미하다.

4. 지구가 온난화되고 있지만 그것을 고치기란 너무 큰 문제이다. 그 변화를 막으려고 애쓰기보다 그것에 적응하려고 노력하는 편이 낫다.

113

온난화 지지자들은 지구가 온난화되고 있으며 바로 우리가 그렇게 만들었고, 그 변화는 중요하며 그 피해를 줄이기 위해 무엇인가를 해야 한다고 말한다. 30년 전 논쟁이 시작될 때부터 온난화 지지자들은 이같이 말한 반면 회의론자들은 위에 나열한 순서대로 견해를 바꾸어 왔다. 그것은 사실 당연한 노릇이다. 지구 온난화가 사실이고 우리가 일으키고 있으며 그리고 중대하고 고칠 수 있다고 확신하지 않는다면, 어떻게 경제적 위험을 감수 하겠는가?

오늘날 대부분의 회의론자들은 위의 제4항으로 나아가 '적응'을 이야기하고 있다. 예를 들어 회의론자들은 해면 상승을 저지하기 위해 해안 도시들의 주위에 방벽을 쌓는 등 기후 변화에 적응하고 우리를 보호하는 데 초점을 맞추고 있다. 반면 온난화 지지자들은 '완화'를 이야기하고 있다. 탄소 배출을 삭감함으로써 해면 상승을 방지하는 등 변화를 줄이려고 하는 노력에 초점을 맞추는 것이다.

실제로 양 진영 모두 일반적으로 어느 정도의 적응과 완화를 주장한다. 대부분의 온난화 지지자들은 우리가 이미 상당한 기후 변화 속에 있으므로, 변화가 악화되는 것을 막기 위해 탄소 배출을 급격히 삭감하더라도 어느 정도는 변화에 적응해야 하리라고 확신하고 있다. 그리고 회의론자들 가운데 일부는 탄소 배출의 삭감 자체가 나쁜 것은 아니지만 경제에 해롭기 때문에 강제적인 삭감은 피해야 한다고 말하기도 한다. 그러므로 그 차이는 강조하는 내용에 있다.

믿을 만한 정보원 선택하기

앞으로 다루게 될 온난화 회의론자와 지지자들의 진술 선정은 포괄적인 것이 아니라 출발점이다. 나는 위에서 아래로 내려가면서 내 신뢰도 스펙트럼을 채울 수 있는 정보원을 찾으려고 애썼다. 양편 모두 스펙트럼의 맨 아래쪽에 속하는 정보원은 너무 많았다. 하지만 그들에게는 그다지 신뢰성을 부여하지 않으므로 만약 스펙트럼에서 그들보다 높은 쪽에 더 믿을 만한 정보원을 찾을 수 있다면 굳이 그들의 정보를 정리하려는 수고를 하고 싶지 않았다.

나는 스펙트럼의 양편에 내가 찾아낼 수 있는 가장 믿을 만한 정보원을 포함시켰다. 덧붙여 내 스펙트럼에서 낮은 자리에 있지만 대중적인 논쟁 때 눈에 띄는 몇 가지를 포함시켰으므로, 여러분이 논쟁에서 그들과 마주칠 때 내가 그들을 어떻게 파악했는지 알 수 있을 것이다.

다시 한번 말하자면 앞으로 이야기하는 것들이 권위 있는 정보원을 모아놓은 것으로 생각해서는 안 된다.

잊지 말아야 할 것

나는 각각의 정보원들을 내 자신의 신뢰도 스펙트럼의 어디에 놓을지, 그 이유는 무엇인지 이야기할 것이다. 그러나 내가 공명정대하기 위해 아무리 노력하더라도 확증 편향이라는 것 때문에 여러분에게 분명히 이야기해 두고 싶다. 즉 정보원에 대한 내 설명은 진실이 아니라 단지 출발점이라는 것이다. 나는 정보원들을 내 신뢰도 스펙트럼에서 어느 위치에 놓는지에 대한 이유를 여러분과 공유하고 있다. 결국 이것은 예제이며, 진실이 아니다. 여러분은 제10장에 가서 자신의 신뢰도 스펙트럼으로 자신의 정보원에 대해 평가할 수 있다.

여러분 스스로 오류에 빠질 수 있음을 인식하는 것은 정보원과 그의 진술에 관해 논란이 생길 경우 특히 중요하다. 논란이 있다는 사실 자체는 내가 생각하는 정보원의 신뢰도에 영향을 미치지 않지만 '논란'을 불러일으키기 위해서는 반대편에 대해 근거 없는 욕설을 퍼부으면 된다. 그 논란의 내용은—만약 사기, 이해의 상충, 또는 심각한 편향 등이 있다면—그 정보원의 신뢰성에 어느 정도 영향을 미칠지도 모른다. 그들 논란 가운데 몇몇은 내가 내 자신의 신뢰도 스펙트럼에서 그 정보원을 어디에 위치시키는지에 대해 영향을 미쳤지만, 여러분은 스스로 판단을 내려야 한다.

정보원의 진술을 둘러싸고 상당한 논란이 있을 때는 내가 주목할 것이므로, 여러분도 스스로 조사할 수 있다. 위키피디아는 훌륭한 출발점이 되지만, 그것을 진실로 받아들여서는 안 된다. 그것은 단지 소개할 뿐이다. 그리고 조사해야 할 여러 곳을 찾아볼 수 있다. 정보원을 탐구하는 동안 여러분 자신의 확증 편향에 특히 주의를 기울여야 한다. 그들 주장을 찾아 다니는 동안, 여러분은 자신의 의견을 반박하는 대신 의견을 확인해 주는 말을 듣고 중단해 버리기가 아주 쉽다.

내가 논란이 있다고 지적할 때 그것 자체는 정보원의 신뢰성에 영향을 미치지 않는다는 것을 명심하자. 아인슈타인도 논란을 일으켰다. 스탈린과 뉴턴과 간디, 그리고 짐 존스 목사와 도널드 덕 바지를 입지 않았기 때문에 등도 그랬다. 나는 단지 여러분이 정보원을 좀 더 자세히 살펴보아야 한다는 경고를 하고 있을 뿐이다.

이렇게 만들면 된다!

여기서부터 시작한다.

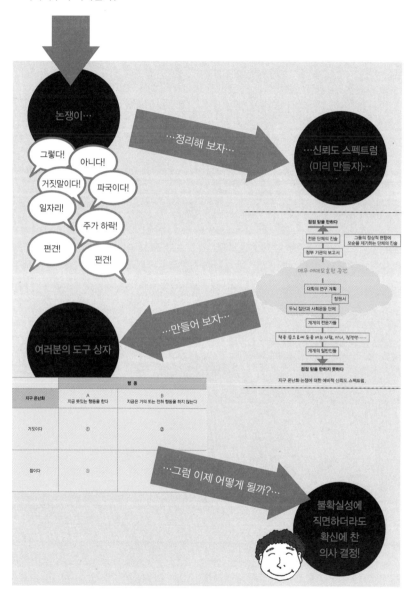

불확실성을 확신으로 바꾸는 과정.

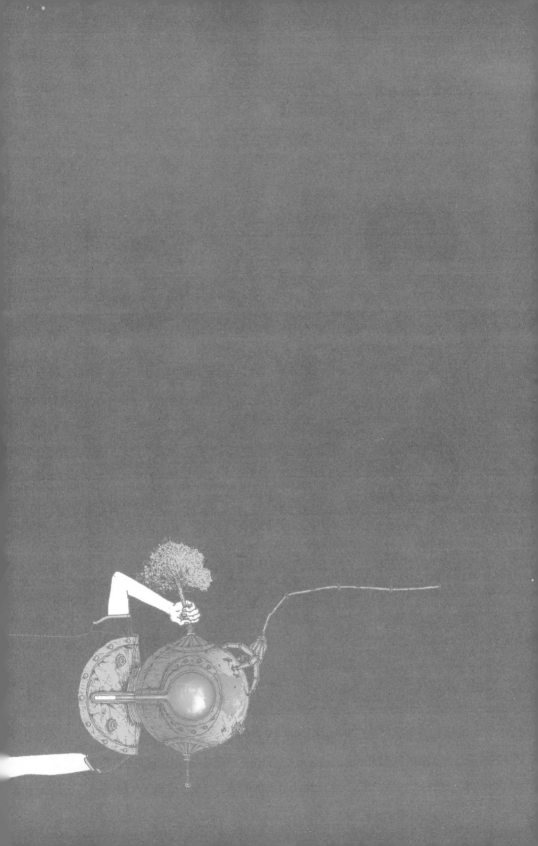

Part 03

이제 논쟁 속으로, 천천히 냉정하게 들어라

제6장

온난화 지지자들의 이야기
| "기후 변화의 위협은 분명하며 증대되고 있다" |

누군가 한 말을 내가 다시 이야기하는 것을 읽기보다 그가 한 말을 여러분이 직접 읽는 것이 훨씬 낫다. 그래서 나는 온난화 지지자들의 진술을 여기에 정리하면서 가능한 내 논평을 줄이고 대부분 그들 정보원 이야기를 직접 인용하려고 했다. 그러자 그것은 일관성이 없는 인용문 뭉치가 되어 버리고 말았다. *헌신적인 내 아내조차 따분해서 눈이 감긴다고 했다.*

그래서 나는 정보원을 확인하고 내가 만든 신뢰도 스펙트럼 위에서 그들이 차지하는 위치를 설명하는 데 초점을 맞추기로 했다. 앞에서 나는 전문성, 확증 편향의 가능성, 과거의 행적, 권위, 보호해야 할 명성 등과 같은 신뢰성의 요인에 대해 이야기했다. 여기서는 내 정보원의 진술을 가능한 객관적으로 요약하지만 www.gregcraven.org에서 내가 원래의 진술을 길게 발췌해 놓은 것 *이 장에 수록하려고 했던 것으로 내 아*

*내의 눈을 감기게 만든 것*이 있으니 읽어 보기를 권한다. 이렇게 하면 여러분은 인터넷을 뒤지거나 200페이지에 이르는 보고서를 읽느라고 많은 시간을 들이지 않고도, 편견이 있을 가능성이 있는 내 묘사를 받아들일 수 있다.

이제 마침내 여러분은 논쟁 속으로 들어간다. 숨을 크게 들이키고 여러분의 의사 결정 도구 상자의 가능성과 결과라는 목표물에 시선을 집중하라.

전문 단체 이야기

미국 국립 과학원(National Academy of Sciences)

과학에서 권위가 어떻게 얻어지는지 기억하는가? 미국 과학 진흥 협회(NAS) 회원으로 선출되는 것은 과학자가 그의 동료들로부터 받을 수 있는 가장 훌륭한 존경의 표시이다. 이 단체는 1863년 에이브러햄 링컨이 설립했으며, 회원의 10분의 1이 노벨상 수상자이다. 자체 연구 기관인 '국립 연구 평의회'를 통해 이 장의 뒷부분에 언급될 〈급격한 기후 변화(Abrupt Climate Change)〉처럼 전문가 검토가 이루어진 논문들을 요약하기도 한다.

그렇다고 해서 NAS가 완벽하다는 뜻은 아니다. *이것도 인간들에 의해 만들어진 것이다.* 하지만 만약 내가 과학이 말하는 것을 믿는다면 바로 NAS의 회원들이 말해 주는 것을 믿는다는 뜻이다. NAS의 회원들은 과학이 제공할 수 있는 최상의 것을 내놓기 때문이다.

2005년 NAS와 다른 선진국 과학원들은 공동으로 "기후 변화의 위협은 분명하며 증대되고 있다"고 주장하는 공식적인 성명을 발표했다. 그리고 계속 기다린다면 가속되는 기후 변화로 인해 더욱 부정적인 결과를 맞이할 것이며 우리의 대응 비용도 더 늘어날 것이므로 지금 각국이 행동해야 한다고 요구했다.

NAS가 내 신뢰도 스펙트럼에서 정상을 차지하는 것은 과학계에서의 독특한 지위, 오래된 역사, 회원의 성분—모든 분야 최고의 과학자들—, 과거의 행적, 그리고 지켜야 할 높은 명성 때문이다.

미국 과학 진흥 협회(American Association for the Advancement of Science)

미국 과학 진흥 협회('AAAS 또는 트리플 A, S'로 알려져 있다)는 회원수 14만 4000명으로 세계에서 가장 큰 과학 단체이다. 남북 전쟁 이전부터 존재해 왔으며, 전문가 검토가 이루어지는 전문지 가운데 최고 수준이라고 할 〈사이언스〉를 간행하고 있다. 과학계의 AAAS에 견줄 만한 것은 의학계의 미국 의학 협회(AMA)이며 과학계의 권위라는 측면에서 NAS에 버금간다.

2006년 AAAS는 기후 변화가 명확하고 증대되는 위협이라는 공식적인 입장을 밝혔다. 이 협회에서는 기후 변화의 속도가 근년에 들어 증대되었다고 주장하면서, '가뭄, 혹서, 홍수, 산불, 폭풍우 등이 앞으로 다가올(그 가운데 일부는 되돌릴 수 없을)더욱 심각한 피해의 전조'라고 말했다. AAAS도 NAS와 마찬가지로 지금 당장 탄소 배출을 규제하는 것이 미루는 것보다 훨씬 적은 비용일 것이라고 말했다.

"우리가 기후 변화에 대응하는 것을 미룰수록 생태계는 허약해지고 사회에는 더욱 큰 희생이 요구되기 때문에 그 일은 더욱 힘들고 비용이 많이 들 것이다."

AAAS를 내 신뢰도 스펙트럼 정상에 두는 것은 과학계에서 맡고 있는 독특한 역할(과학계의 AMA), 이 단체의 오랜 역사, 지켜야 할 대단한 명성, 엄청난 회원수(만약 AAAS가 공식 언명에서 과오를 범할 경우 거역할 만한 사람들이다)미국 석유 지절학자 협회가 공식적인 전술을 바꾼 것을 기억하는가? 등을 감안했기 때문이다.

국립 연구 평의회(National Research Council)

NAS의 연구 기관인 국립 연구 평의회(NRC)는 2002년《급격한 기후 변화(Abrupt Climate Change)》를 간행했는데, 그 책에는 '불가피한 경악'이라는 기억하기 쉬운 부제가 붙어 있다. 그 책은 온라인에 PDF 형식으로 올라와 있어, 전문을 읽을 수도 있다.

그 책은 과학계에서는 널리 받아들여지지만 저자들은 그렇게 말한다. 우리에게는 거의 알려져 있지 않은, 과거의 기후가 10년이라는 짧은 시간에 우리가 이전에 상상했던 것보다 훨씬 빠르고 극심한 변화를 겪었다는 것을 자세히 설명한다. 과거에는 기후 변화가 자연적인 사건에 의해 촉발되었지만, 현재의 변화는 적어도 의도하지 않았더라도 우리가 배출한 탄소에 의해 그 같은 급속한 변화가 일어나는 것인지도 모른다고 경고한다.

"과거의 급격한 기후 변화는 에너지와 물의 소비 등 인간 사회와 생태계에 깊은 영향을 끼쳤을 것이다. 그 같은 변화가 다시 일어날 수 있을까? 인간의 활동이 급격한 기후 변화의 가능성을 악화시키고 있을까? 그런 변화가 잠재적으로 사회에 미치는 결과는 무엇일까?" 하고 NRC는 묻는다.

그 책은 이들 마지막 의문에 대해 내 자신의 표현이거만 그렇다, 아마도 엄청나다 등으로 대답하며, 그들의 표현이지만 '후회 없는' 전략을 추구

124

하라고 요구한다.

NRC의 진술은 당대의 과학적 이해로부터 추출된 최상의 것을 보여주며 따라서 그 책은 내 신뢰도 스펙트럼에서 정상에 놓인다.

자신들의 정체성을 부인하는 정보원 이야기
국가 정보 평가(National Intelligence Assessment)

CIA, FBI 등을 비롯한 미국의 16개 정보기관이 2008년 공동으로 '국가 정보 평가(NIA)'라는 보고서를 작성했다(그 보고서 자체는 기밀이다). 국가 정보 평의회 의장에 따르면, 그 보고서는 기후 변화의 경제적·환경적 압력이 이미 허약해져 있는 국가들을 벼랑으로 내몰아 더 많은 전쟁을 유발할 가능성이 있으며, 그에 따라 수백만의 난민과 빈번한 인도주의적 위기를 초래할 것이라고 경고한다. 미국 군대는 점차 그 같은 분쟁에 개입하게 되어 상당히 압박을 받을 것이며, 따라서 국가 안보에 대한 '준비 태세'를 약화시킬 것이라고 말한다. 스파이 이야기를 잘 들어야 한다.

또한 이로 인해 미국이 국제 시장을 통해 얻는 중요한 천연 자원의 경로가 차단될 것이며, 이 또한 국가 안보에 심각한 결과를 야기할 것이라고 지적한다. 그리고 산불, 폭풍우, 물 부족, 알래스카에 있는 영구 동토의 해빙 등—이들은 사회 기반 시설에 손상을 가한다—미국 내에서 야기될 고비용의 위협에 대해서도 경고하고 있다.

이들 기관의 보고서는 어떤 것이든 나라에 가해지는 위협에 대한 가장 유능한 평가로 여겨진다. 그것이 그들의 임무이기 때문이다. 이 같은 전문성에 덧붙여 그들 조직의 정체성을 부인하는 요인 때문에(스파이는 보통 환경과는 무관한 것으로 알려져 있으니까) 나는 보통의 정부 보고서 형태

125

로 나온 그 평가를 내 스펙트럼의 꼭대기에 놓는다.

국방부

미국 국방부는 2003년 〈급격한 기후 변화 시나리오와 미국 국가 안보의 의미: 생각할 수 없는 것에 대한 상상〉이라는 연구 결과를 발표했다. 그것은 급격한 기후 변화에서 일어날 수 있는 최악의 상황을 정리한 시나리오로 국가 안보 차원에서 대략적으로 정리한 것이다.

그 보고서는 기후 변화가 어떻게 환경에 불안을 야기하고 부족한 자원 때문에 빈번한 전쟁을 일으키게 될지를 탐구한다. "인간 사회에서 분열과 갈등이 고질적인 특징이 될 것"이라면서, "기아와 공격 둘 중 하나를 선택해야 할 때마다 인간은 공격을 선택한다"는 의견을 내세운다. 그리고 만약 그 같은 급격한 기후 변화가 일어나면, "인류는 사라져 가는 자원을 찾아 부단히 싸우던 때로 되돌아갈 것이다…… 그리하여 또다시 전쟁이 인간의 생활을 결정할 것"이라고 말한다.

내가 좋아하는 표현은 "급격한 기후 변화에 적절히 대비하지 않으면 인간이 지구 환경을 이끌어 나갈 능력이 크게 떨어질 수 있다"는 것이다. 그것이 바로 우리 모두가 죽는다(!)는 뜻은 아닐까?

비록 이 보고서가 NIA 보고서만큼 완벽하지는 않지만(훨씬 적은 사람이 관여했다), 나는 자신의 정체성을 부인하는 정보원으로서 국방부를 내 신뢰도 스펙트럼의 맨 위에 놓는다.

해군 분석 센터(Center for Naval Analyses)

해군 분석 센터(CNA)는 제2차 세계대전 중에 출범했으며, 미 해군의 요구에 부응하는 두뇌 집단이다. 이곳에서 가장 계급이 낮은 사람은 중장이었다. 그 중장은 다른 사람들이 끊임없이 "이보게, 가서 커피 좀 가져오게" 하고 말할 때 정말 기분이 상했을 것이다. 이들이 〈국가 안보와 기후 변화의 위협〉이라는 보고서를 발표했다.

그 연구는 기후 변화의 영향이 '엄청나게 파괴적일 수 있다'면서, 그들과 기후학자들 사이의 논의가 활기 있고 유익하며 매우 진지했다고 밝혔다. 전략 수립가들이 한 이 설명에 나는 초조해지는 느낌이다. 이유는 모르겠다. 이들 군인들은 지구 온난화가 더 많은 테러리스트와 극렬분자의 온상인 나라들을 만들어 내고 미국을 더 많은 전쟁에 끌어들일 것이기 때문에 지구 온난화를 '위협 증식 장치'라고 불렀다. 보고서는 현재의 대기 탄소 농도가 65만 년 만에 가장 높다는 사실을 주목하면서 우리가 행동을 미룰수록 국가 안보에 대한 위험이 '거의 확실히' 악화될 것이므로 곧 행동하라고 권고하고 있다.

위협이 불확실하기 때문에 행동해서는 안 된다는 주장에 대해 그 논의의 참석자 가운데 한 사람이었던 전직 육군 참모총장은 "군인으로서 말하건대 우리에게 100퍼센트 확실한 것은 결코 없다. 100퍼센트 확실할 때까지 기다린다면 전장에서는 분명 나쁜 일이 일어날 것"이라고 말했다.

또 다른 참석자인 전 중동 지역 미군 사령관 토니 지니 대장은 "우리는 대가를 치르게 될 것이다. 온실 가스 배출을 줄이기 위해 비용을 지불해야 할 것이며, 어떤 형태로든 경제적 충격을 감수해야 할 것이다. 또한 군사적인 측면에서도 대가를 지불하게 될 것이다. 여기서의 대가에는 인명까지 포함된다. 사람이 희생될 것"이라고 말했다.

그 참가자들이 군인이라는 점과 일반적으로 환경과 같은 가벼운 문제에는 군인들이 관여하지 않는다는 사실을 감안하면, 나는 그 보고서

가 두뇌 집단이 아니라 자신의 정체성을 부인하는 정보원으로서 내 신
뢰도 스펙트럼의 정상에 속한다고 말하고 싶다. *시에라 클럽에서 삼림 벌*
채를 주장하는 것과 똑같다.

전략 국제 연구 센터(Center for Strategic and International Studies)와 신미국 안보 센터(Center for a New American Security)

국가 안보를 위한 개별적인 두뇌 집단인 전략 국제 연구 센터(CSIS)
와 신미국 안보 센터(CNAS)가 2007년 〈결과의 시대: 지구의 기후 변화
에 의한 외교 정책과 국가 안보의 의미〉라는 연구를 함께 수행했다. 그
연구를 총괄한 팀은 NAS 원장, 노벨상 경제학 수상자, 전직 CIA 국장,
전직 대통령 실장, 전직 부통령 국가 안보 보좌관 등 다방면의 쟁쟁한
인물들로 구성되어 있었다. 물론 기후학자들도 포함되었다. *역사학자도*
한 사람 있었다.

그들은 '지구 온난화의 몇 가지 영향이 빠르게 나타나고 있는 것에
과학계가 충격을 받고 있음'을 발견했으며, 현재 제기되고 있는 기후 모
델이 '지나치게 보수적'이라고 했다. 그 보고서는 "상대적으로 낮은 기
후 변화도 사회적 네트워크의 이완이나 단절을 가져올 수 있으며 이보
다 변화 수준이 높아질 경우 혼란이 예상된다"고 언급하고 있다. 그 연
구에 참가한 사람 가운데 한 명은 '과학적으로 가능성 있는' 최악의 시
나리오를 논의할 때, 멜 깁슨이 출연한 재난 영화 〈매드 맥스〉를 인용하
기까지 했다. 다른 사람들은 초강대국끼리 핵전쟁이 벌어진 뒤의 상황
을 기후 변화와 비교했다.

"문제는 이런 위협이 인류의 생존과 재건을 위한 엄청난 투쟁을 전개
할 수 있을 만한 단결의 계기가 될 수 있느냐는 것이다. (중략) 만약 그

단결이 일찍 이루어지지 않는다면, 전 세계는 돌이킬 수 없을 정도로 매우 막대한 지장을 초래하는 심각하고 영속적인 기후 변화를 맞이할 가능성이 높아질 것이다."

그 보고서 작성자들은 돌이킬 수 없는 재난을 방지할 "기회를 놓치지 않기 위해서는" 10년 이내에 효과적인 대응을 할 필요가 있다고 주장하면서 "우리는 이미 미래의 대안들 사이에서 선택하는 와중에 있다"고 경고하기도 했다.

비록 이 연구는 두뇌 집단들에 의해 이루어졌지만, 이들 특정 두뇌 집단의 성격(환경보다 국가 안보에 초점을 맞추는 성격)과 더불어 패널 구성원의 성격(전문성과 권위가 높아 환경 운동가들에 의해 좌우되지 않는 성격)에 비추어, 그 자체의 정체성을 부인하는 정보원으로서 내 신뢰도 스펙트럼에서는 맨 위에 놓일 만하다고 판단했다.

미국 기후 행동 협력(U.S. Climate Action Partnership)

2007년 미국 기후 행동 협력(USCAP)이라는 기업들의 특이한 집합체가 탄생했다. 이들은 정부가 부과하는 강제적인 탄소 배출 한도를 중심으로 그들 자신의 업계에 관한 보고서를 발표했다. 그 집합체에 참가한 기업들은 BP아메리카, 셸, 코노코필립스, 포드 자동차, 제너럴 일렉트릭, 제너럴 모터스, 크라이슬러, 디어, 캐터필러, 다우 케미컬, 듀폰, 존슨 앤드 존슨, PG&E, 알코아, 지멘스 등이다.

〈행동의 요구〉라는 제목의 그 보고서는 도구 상자의 세로줄 A에 대한 확증 편향을 가진 사람을 *나도 그 같은 사람이다.* 위한 돈에 관한 인용구로 가득하다. 아마도 가장 주목받은 것은 앞쪽에 나온 다음과 같은 간단한 내용일 것이다. "우리는 기후 변화에 맞서 행동해야 함을 충분히 알고 있으며 해결책에 대한 타당하고 진지한 논의를 해야 한다. 그러나 논의가 행동을 대신할 수는 없다."

그 보고서는 행동하는 것이 경제를 해롭게 한다는 견해를 부인하면서 오히려 새로운 시장의 등장, 증대되는 미국의 경쟁력, 외국에서 수입하는 에너지의 의존도 감소, 증대되는 에너지 안보, 무역 수지 개선 등이 경제를 성장시킬 것이라고 주장했다. 우리가 신속하게 행동한다면 말이다.

앞에서 소개된 다른 보고서와 마찬가지로 이 보고서도 "해마다 탄소배출 통제가 지연될수록 결국 더욱 큰 경제적 비용 및 사회적인 문제와 더불어 더욱 극심한 감축을 해야 할 것"이라며 우리가 이미 시간을 모두 허비했다고 주장한다. 그러나 그 작성자들은 필요한 것이 엄청나다고 인정한다. 그 규모를 과소평가하지 않기 때문에 그들은 "우리가 에너지를 생산하고 사용하는 방식을…… 근본적으로 바꾸기 위해서는" 대대적인 정부의 행동이 필요하다고 주장한다.

그들은 또 미국이 아무리 노력하더라도 중국과 인도가 엄청나게 탄소를 배출하기 때문에 아무 소용없다는 주장에 대해서도 "미국이 탄소 배출 삭감을 위한 강제적 조처를 실행하려면 다른 나라들도 동시에 해야 한다는 조건을 달아서는 안 된다"고 선언하는 분명한 태도를 보인다.

이것은 그 출처를 생각해 보면 놀라운 보고서이다. 그리고 그 진술은 소수 사람들 견해가 아니라 수많은 경제학 전문가들의 견해를 대변한다. 그처럼 많은, 놀랄 만큼 강력한 진술은 그 단체의 회원들의 성향과 직접적으로 모순된다는 점—강제적인 배출 한도!—을 감안해, 나는 이것을 내 신뢰도 스펙트럼의 꼭대기에 둔다.

세계적인 대기업 CEO들의 서한

세계적인 대기업 80여 개의 총수들이 16개월에 걸쳐 논의한 결과가 2008년 〈G8 정상들에게 보내는 CEO 기후 정책 권고〉라는 보고서로 발표되었다.

그 보고서는 기후 변화의 불확실성에 대한 위기관리 방법을 강조하면서, '저탄소 세계 경제에 이를 수 있는 급속하고도 근본적인 전략'을 요구했다. 이 보고서는 여기에서 소개한 다른 진술들과 마찬가지로, "우리에게는 시간이 많지 않다"면서 이 문제의 급박성을 강조했다. 그 작성자들이 '기후 변화는 심각한 사회적·경제적 도전'이라고 한 것은 의미 있는 일이었다.

그 문장에 환경이라는 언급이 전혀 없으며 이는 CEO들이 이 문제를 단적으로 실용적인 문제로 간주함을 알 수 있다. 이 보고서는 기업과 정부의 지도자들이 모두 2050년까지 온실 가스의 감축을 매우 강력하게 추진하는 것이 '타당한 접근 방법'이라고 결론을 내렸다.

그 보고서에 서명한 사람은 셸, BP, 듀크 에너지, 미슐랭, 에어버스, 영국 항공, 전 일본 공수, 알코아, 듀폰, 도이체 방크, 시티뱅크, 어드밴스트 마이크로 디바이시스(AMD), 크레디 쉬스, 바이엘, 프라이스워터하우스쿠퍼스, 롤스로이스, 로이터스, 나이키 등의 CEO들이다.

기업은 근본적으로 자신의 이익을 추구하는 집단이다. 사실 주식에 상장된 기업의 법적 의무는 주주들의 이윤을 극대화하는 것밖에 없다. 그러므로 이들 기업들이 지구를 보존하기보다는 손익을 먼저 계산하는 것이 그들의 정상적인 성향임을 감안할 경우, 그들이 만약 기후 변화에 대한 행동을 이야기한다면 이 보고서의 신뢰성은 상당히 증대된다. 내가 이 보고서를 자신의 정체성을 부인하는 정보원으로 내 신뢰도 스펙트럼의 맨 위에 올리는 것은 바로 그 때문이다.

엑슨모빌

세계 최대의 기업 엑슨모빌은 지구 온난화에 회의적인 운동을 전개하는 대표적인 존재로 간주돼 왔다. 심지어 엑슨은 '과학적으로 합의된 지구 온난화의 급박성을 부인하고 그 문제를 개선하려는 행동을 지연시키려고 노력했다. 그런 엑슨이 웹사이트(ExxonSecrets.org)를 개설했다. 이 웹사이트는 엑슨이 환경 단체와 그들에게 협력하는 과학자들에게 10년 이상 지원했음을 강조'하려는 것이 목적이다. 그 사이트의 쌍방향 지도는 대단히 흥미롭다! 컴퓨터 카드놀이보다 훨씬 재미있다.

엑슨은 2007년부터 경쟁 기업 연구소, 마셜 연구소, 하틀랜드 연구소 등 제7장에서 이야기하게 될 단체들의 단체에 자금 지원을 중단했다.

엑슨이 USCAP나 세계적 대기업 CEO들의 기후 정책 권고에 서명하지는 않았지만, CEO 렉스 틸러슨은 "기후 변화에서 비롯되는 사회와 생태계의 위험이 중대함을 입증할 수 있을 정도이다. 그러므로 기후 변화의 불확실성에도 불구하고 이들 위험을 다룰 수 있는 합리적인 전략을 개발하고 실행하는 것이 신중한 태도"라고 말했다. 그러면서 바로 정부가 그렇게 해야 한다고 덧붙였다.

그리고 2007년 1월 〈월 스트리트 저널〉은 온실 가스 배출과 지구 온도의 영향에 대해 이야기하면서, "사회에서는 이제 그 위험이 심각하며 조처가 취해져야 한다는 점을 충분히 알고 있다"고 한 엑슨의 홍보 담당 부사장 케네스 코언의 말을 인용했다.

그들 진술은 아주 열렬한 것처럼 들리지는 않지만, 엑슨의 독특한 역사를 감안할 경우 정체성에 모순된다는 점에서 내 스펙트럼의 맨 위에 놓인다.

셸 오일

국제 석유 자본 로열 더치 셸 그룹은 세계 제7대 기업이다. 2006년 어느 연설에서 존 호프마이스터 사장은 "셸의 관점에서 볼 때 논쟁은 끝났다. 과학자들 98퍼센트가 동의하는 마당에 어찌 셸이 '과학과 논쟁 하자'고 할 수 있겠는가?" 하고 말했다.

그리고 2007년에는 CEO 예룬 판 데르 페이르(2009년 6월 30일에 퇴임- 옮긴이)가 세계의 에너지에 관한 미래를 두 가지 가능성으로 요약하는 〈두 가지의 에너지 미래〉라는 글을 썼다. 우리가 기후의 충격을 경험하 기까지 탄소 배출이 심각하게 다루어지지 않다가, 기후의 충격에 의해 심각한 정치적 반응이 촉발되면서 에너지 가격이 급등하거나 변덕을 부릴 것이라고 했다. 그는 석유와 가스의 수월한 공급이 2015년 *오자가 아니다. 그렇다, 2015년이다.*에 이르면 더 이상 수요를 충족시키지 못 할 것으로 예상하고, 이제부터 탄소 배출의 한도와 매매 정책을 통해 저탄 소 경제로 이동하자고 제안했다. 가장 놀라운 것은 그가 기업들이 제안 은 할 수 있지만 '운전석에 앉은 것은 정부'라고 말한 점이다.

정상적인 성향과 모순되는 중요한 요인과 그 회사의 규모를 감안해 나는 이들 진술을 내 신뢰도 스펙트럼의 맨 위에 올린다.

미국 기업 연구소(American Enterprise Institute)

공공 정책 연구를 위한 미국 기업 연구소(AEI)는 2008년 〈지구 온도 계의 재설정〉이라는 글을 발표했는데, 나는 의자에 앉아 그것을 읽다가 깜짝 놀라 넘어질 뻔했다. AEI는 지구 온난화에 대한 회의적인 단체들의 중심에 있는 매우 영향력 있는 보수주의적 두뇌 집단이기 때문이다. 하지만 〈지구 온도계의 재설정〉은 기후 변화를 걱정하는 온난화 지지자의 투정처럼 보였다.

그 글에는 우리가 의도적으로 탄소 배출을 하면서 지구 기후를 놓고 엄청난 실험을 하고 있다는 주장이 담겨 있었다. 그리고 공공 정책에서 그처럼 큰 쟁점은 없다고 말한다. 그리고 기후 변화가 일어난 뒤 적응하려고 노력하는 것은 기후 변화를 예방하기 위해 먼저 행동하는 것보다 훨씬 나쁘리라고 주장한다.

기후의 재난이 분명해지는 조짐이 나타날 때는 이미 너무 늦었다는 것이다. 그때는 햇빛을 받아들이려 대기에 황 분자를 주입하는, 시험도 거치지 않은 과격한 방법말고는 아무것도 할 수 없을 것이라고 경고한다. 그리고 대기 속에 주입된 황 분자는 오존층을 격감시키고 아시아의 계절풍을 방해할지 모르지만, 기후 변화를 그대로 방치하는 것보다는 나을 것이라고 주장한다.

비록 매우 애매모호한 중간 위치의 두뇌 집단에서 나온 진술이지만, 그 글의 진술이 AEI의 역사와 완전히 반대되기 때문에 그들의 정체성과 모순되는 중요한 요인이므로, 내 신뢰도 스펙트럼에서 온난화 지지자 쪽의 높은 위치를 차지한다.

정부 기관의 보고서 이야기
기후 변화 정부간 위원회(Intergovernmental Panel on Climate Change)

기후 변화 정부간 위원회(IPCC)는 기후 변화의 논의에서 중심적인 역할을 하는 유엔 산하 국제 협의체이다. 약 6년마다 이 위원회에서는 과학 현황에 대한 종합 보고서를 작성한다. 현재까지 1990년, 1996년,

2001년, 2007년 네 차례 보고서를 발표했다.

회의론자들은 IPCC가 정치적 단체에 불과할 뿐이라고 무시하지만 IPCC가 보고서를 작성하는 과정을 보면 그들 보고서가 지상 최대의 완벽한 전문가 검토 문헌의 집대성이라는 주장이 아주 그럴듯해 보인다. '130개국 이상의 국가에서 2500명 이상의 과학 전문 비평가, 800명 이상의 기고자, 450명의 대표 저자 등'이 6년 이상에 걸쳐 전문가 검토가 이루어진 수천 편의 논문을 재검토하기 때문이다.

2007년도의 보고서에는 지구 온난화가 '명백하며', 인간의 활동에 의한 '가능성이 높다'고 했다. 그 필자들은 우리가 행동하기에 따라 달라질 광범위한 예상을 내놓는다. 예컨대 2100년에 이르러 지구의 온도는 섭씨 약 1.8~6도 정도 상승할 것이며 해면은 약 18~58센티미터 가량 상승할 것이라고 한다(여기서 해면 상승에 대해 회의론자들은 "해면 상승의 경우 그 범위의 위쪽 값이 상한치로 간주되어서는 안 된다"고 주장한다). 또 그 보고서는 지금쯤 익히 들었을 법한 악재들, 악화되는 허리케인, 가뭄, 홍수, 산불, 생물의 멸종, 이동하는 질병 패턴, 환경 난민, 어업의 붕괴 등등까지도 예견했다.

15년 동안 IPCC가 내놓은 보고서를 보면 그 동안 기후 변화는 대부분 예상했던 것보다 언제나 크고 빠르다는 것을 알 수 있다. 이 사실은 내가 말하는 과거의 행적이라는 요인에 영향을 미치며, 실제로 일어날 상황이 현재 예상보다 더 나쁠 수도 있다는 뜻이 된다.

같은 선상에서 그 프로젝트의 엄청난 규모와 최종 보고서를 승인해야 하는 많은 각국 정부 때문에, IPCC가 발견한 내용은 발표 시점 과학보다 수년 정도 뒤진다는 점도 주목할 만하다. 앞에서도 말한 것처럼, 이것은 IPCC가 말하는 것보다 더 나쁠 가능성이 있다고 주장하는 셈이다. 금세기 말에 이르면 북극해에서 여름 동안 얼음이 사라질 수 있다는 2007년 보고서의 예측이 바로 좋은 예이다. 내가 이 책을 쓰고 있는 2008년 후반, 그 이후에 새로 나온 문헌은 향후 20년 내에 북극해에서 여름 동안 얼음이 사라질 것이라고 예측한다.

반면 사람들은 정부가 더 많은 통제를 하기 위해 위기를 조장하려는 것이라고 생각한다. 그래서 IPCC가 파악한 내용은 실제로 과학이 파악한 것보다 더 심각한 쪽으로 편향되어 있을지 모른다고 의심한다. 하지만 IPCC가 파악한 내용이 미국 국립 과학원, 미국 과학 진흥 협회, 미국 국가 정보 평가, 세계적 기업 CEO들의 정책 권고 등의 지지를 얻고 있음을 알아 둘 필요가 있다.

내 신뢰도 스펙트럼을 검토해 달라고 요청했던 전문가 가운데 몇 사람은 내가 IPCC를 아주 맨 위에 올려놓지 않은 것에 심각한 이의를 제기했으며, 나도 그 뜻을 이해했다. 하지만 내 확증 편향을 피하기 위해, 스펙트럼을 만들면서 세운 내 원칙을 고집해 앞으로도 IPCC를 정부 기관의 보고서에 한정시킬 것이다.

나는 존 크리스티를 비롯한 IPCC의 몇몇 반대자에도 불구하고 그것이 전개하는 과정의 범위와 다른 신뢰성 높은 정보원들로부터 받는 수많은 지지 때문에, 그것이 속하는 영역에서 가장 높은 위치에 놓을 것이다. (IPCC에 관해 더 자세한 설명을 원한다면 www.webcitation.org/5bWkvTx4w에서 볼 수 있다)

스턴 보고서

〈기후 변화의 경제학에 관한 스턴 보고서〉는 영국 정부의 요청에 따라 세계은행의 수석 경제학자를 역임한 니컬러스 스턴 경이 이끄는 팀이 만든 것이다.

2006년에 발표된 그 보고서는 상당한 논란을 일으켰다. 주된 분쟁은 스턴 위원회가 사용한 숫자에 집중되어 있다.

그 보고서는 지구 온난화를 막는 행동을 하는 데 GDP('국내 총생산'을 뜻하며, 한 나라의 경제를 나타내는 가장 기본적인 척도이다) 1퍼센트에 이르는 비용이 들겠지만, 행동하지 않을 경우에는 기후 변화가 '이제껏 보지 못한 가장 크고 광범위한 시장의 실패'를 일으킬 수 있기 때문에 GDP의 20퍼센트에 이르는 비용을 지불하게 될 것이라고 결론을 내렸다. 2년 후 2008년에 스턴은 추측 비용을 GDP의 1퍼센트에서 2퍼센트로 상향 했다. 기후 변화가 생각했던 것보다 더 빨리 일어나고 있음을 나타내는 새로운 증거들이 나타나고 있고 그것을 극복하기 위해서는 더 많은 비용이 들기 때문이라고 상향 이유를 밝혔다. 스턴의 결론은 행동의 지연은 불가피한 비용만 높일 뿐이라는 앞서 소개한 여러 정보원의 주장을 지지하는 것 같다.

나는 이 보고서를 내 스펙트럼의 정부 기관의 보고서 가운데 상당히 높은 곳에 놓는다. 그것이 미국의 국가 정보 평가와 세계적인 대기업 CEO들의 서한 작성자들에 의해 사용되었다는 사실도 신뢰도를 증대시키는 데 큰 영향을 끼쳤다. 그들 미국 국가 정보 평가와 대기업 CEO들의 서한 작성자들 모두가 특별히 괴짜라고 생각되지는 않기 때문이다.

| 청원서
| 진보 재정립 협의회의 1997년 청원서
노벨상 수상자 9명을 비롯한 2500명 이상의 경제학자들이 서명한

〈기후 변화에 대한 경제학자들의 진술〉은 매우 직설적이다.

"우리는 경제학자로서 지구의 기후 변화가 중요한 환경적 · 경제적 · 사회적 · 지정학적 위험을 수반하며, 예방적 조처가 정당화되고 있다고 믿는다."

그 청원서는 탄소 배출세 같은 시장 중심의 국제적인 조처를 요구하지만, 올바른 정책 결정이 이루어지면 일상생활에 지장 없이 기후 변화를 줄일 수 있을 것이라고 주장한다.

그 청원은 상당히 오래되었지만(1997년에 초안이 작성되었다), 여기에 포함시키는 것은 그 사이에 기후 과학에 대한 연구가 증대되면서 알려진 내용이 더욱 극심하고 급박해졌기 때문이다. 그래서 청원서에 서명한 사람들이 과거에 행동을 해야 한다고 주장했다면 오늘날에도 그래야 한다는 추측이 타당하리라 생각한다.

노벨상 수상자 9명을 비롯해 서명한 사람들의 성명과 소속이 밝혀져 있으므로, 나는 이 청원서를 매우 애매모호한 중간의 꼭대기 부근에 놓는다. 흐음…… 얼마나 많은 노벨상 수상자가 있어야 그 애매모호한 구름을 뚫고 나올 수 있을까? 그 질문에 대한 답은 철학자들에게 맡기겠다.

우려하는 과학자 연맹의 2008년 청원서

'기후 변화의 과학적 · 경제적 규모와 그것의 영향 및 해결책에 대한 이해에 필요한 전문성을 지닌 1700명 이상의 과학자와 경제학자'가 2008년 〈온실 가스 배출의 신속하고도 과감한 삭감에 대한 미국 과학자 및 경제학자의 요구〉라는 청원서를 지지했다. 서명자 명단에는 과학 또는 경제 분야의 노벨상 수상자 6명, 미국 국립 과학원 회원 30명, 미국 국립 공학원 회원 10명, 맥아더 펠로십 맥아더 펠로십은 '천재들이 받는 보조금'이라 하기도 한다. 그것은 수혜자가 신청하지 않는다는 점에서 독특하다. 수혜자는 어느 날 갑자기 "인류를 위해 훌륭한 공헌을 했으니 50만 달러를 받으시오" 하는 전화를 받게 된다. 수혜자 10명 등이 포함되어 있었다.

지식인들과 환경 운동가들은 "기후 변화에 관한 과학 발전에 힘입어 우리는 되돌릴 수 없는 결과의 위험이 증대되고 있음을 경고한다"고 말했다. 그들은 2050년까지 탄소 배출량을 80퍼센트 감축하는 신속한 행동을 요구했다. 그들의 주장에 따르면 그것은 "실행 가능하며 명쾌한 경제 정책과 일치한다"고 한다. 또 그 정책들이 강제적이어야 한다고 강조한다. 과거에 비추어 보면 자발적인 계획들은 효과가 없었기 때문이다.

다른 진술들과 마찬가지로 이 청원서도 기후 변화를 제한하고 그것에 적응하는 것은 세월이 지날수록 비용이 더 많이 들 뿐이라 주장한다. "낭비할 시간이 없다. 우리가 할 수 있는 가장 위험한 일은 아무 일도 하지 않는 것이다."

서명자들의 성명과 소속이 모두 공개되었으며 신뢰할 만한 거물들이 많이 포함되어 있기 때문에, 나는 이 청원서를 내 스펙트럼의 아주 애매모호한 중간에서 상당히 높은 쪽에 놓는다.

우려하는 과학자 연맹의 2005년 청원서

'환경 정책에 경제학을 전문으로 응용하는 명성 높은 경제학자들' 25명이 〈탄소 배출을 줄이기 위한 장려 정책이 필요하다: 대표적인 경제학자들의 진술〉이라는 2005년 청원서에 서명했다. 서명한 사람들 가운데는 노벨상 수상자 세 명과 대통령 경제 자문 위원회의 전직 위원 한 명이 포함되어 있었다.

그 청원서는 지구 온난화가 사실이고 인간이 일으키며 많은 지장을 초래할 것이라는 점에 대해 "이제는 더 이상 과학적 의심은 존재하지 않는다"고 주장했다. 그리고 남아 있는 불확실성에도 불구하고 일종의 '공공 보험'으로서 탄소 배출의 규제를 요구했다.

서명자의 성명과 소속의 공개는 항상 높은 신뢰성을 심어준다. 그렇지만 청원서는 청원서이므로, 노벨상 수상자 세 명이 포함되어 있더라도 내 신뢰도 스펙트럼에서 매우 애매모호한 중간에 들어간다.

개별 과학자와 경제학자들 이야기

제임스 핸슨

제임스 핸슨은 1988년 미국 의회에서의 증언으로 기후 변화에 대한 대중적인 논쟁을 촉발시킨 기후학자로서, 그 후 항상 논쟁의 중심에 자리 잡고 있다. 그의 견해에 대해 지구 온난화 회의론자들은 조롱했고 주류 과학자들조차 "글쎄, 그렇게까지 말할 수 있을지 모르겠다"고 반응했다. 하지만 과학이 발전하면서 바로 과학의 주류가 그렇게 되자, 핸슨은 현재 인정받는 과학적 이해가 여러 해가 지난 다음에는 어떻게 될지를 알려주는 존재처럼 여겨진다.

사실 나는 기후 과학계를 돌아다니면서 핸슨보다 더 나은 자취를 남긴 사람이 있는지 물었지만, 대답해 주는 사람이 하나도 없었다. 그래서 핸슨이 선도자의 한 사람으로서 우리에게 주어진 최상의 인물 가운데 하나임에 틀림없다고 생각한다. *하지만 그냥 나를 믿어서는 안 된다. 여러분도 주위의 과학자들에게 탐문해 보라. 만약 핸슨보다 더 나은 선도자를 발견한다면 www.gregcraven.org에서 말해 주기 바란다.*

과학이 발전함에 따라 그의 공개적인 발언도 점점 더 공격적이 되었으며, 이제는 탄소 배출량 감축에 대한 지상 최대의 야심만만한 목표─그 자신의 성과를 바탕으로 한 2008년도 유럽 연합의 목표─조차 기후의 재난을 가져올 것이라고 말하고 있다.

전문가 검토가 이루어진 2008년 논문에서 핸슨과 그의 동료들은 다음과 같이 썼다. "만약 인류가 문명이 유지되고 생명이 적응하고 있는 현재와 비슷하게 행성을 유지하고자 한다면, CO_2는 현재의 385ppm에서 아무리 못해도 350ppm 이하로 감축시켜야 한다." 이 숫자가 무엇을 뜻하는지에 대해서는 제8장에서 다시 이야기할 것이다. 지금은 350이라는 숫자가 현재 정책 입안자들이 이야기하고 있는 것보다 훨씬 더 적극적으로 탄소 배출을 줄여야 함을 의미한다는 것만 알면 충분하다.

유례 없는 그의 행적과 다른 과학자들이 얼마나 자주 그의 논문을 인용하느냐에 따라 알 수 있는 그의 권위를 감안해, 나는 신뢰도 스펙트럼의 개별적 전문가 수준에서 그를 높은 곳에 위치시킨다.

그의 결론은 회의론자들이 최후의 날 시나리오라고 비판하는 컴퓨터에 의한 기후 모델에 바탕을 두는 것이 아니다. 먼 옛날에 실제로 기후가 어떠했는지에 대한 연구를 바탕으로 하고 있다. 그것은 어떤 비판에도 훨씬 저항력이 있는 것처럼 보인다.

나오미 오레스키스

지질학자이자 과학사가인 나오미 오레스키스는 영화 〈불편한 진실〉에서도 암시적으로 언급된, 전문가 검토를 거친 2004년 논문 필자이다. 그 논문에서는 지구 온난화에 관한 과학 문헌을 점검했지만 인간이 지구 온난화를 일으키고 있다는 견해를 반박하는, 전문가 검토를 거친 논문은 발견하지 못했다고 밝혔다. 그녀의 견해는 영국의 사회학자 베니 파이저의 도전을 받았고 이어 논란이 일었다.

비록 그녀는 기후 과학자가 아니지만, 힘든 과학자의 교육을 받았고 (지질학 박사) 그녀의 연구가 과학적 합의와 이견 '이것을 지구 온난화 논쟁' 이라고 할 수 있을까?의 성격에 초점을 맞추는 것이었으므로, 내 신뢰도 스펙트럼에서 개별 전문가의 수준에 포함된다.

개별적인 일반인 이야기
앨 고어와 〈불편한 진실〉

우리는 고어를 언급하지 않고 이 장을 끝낼 수 없다. 미국 부통령을 역임한 앨 고어의 영화 〈불편한 진실〉은 2006년 커다란 반향을 일으켰 으며, 2007년에는 최우수 다큐멘터리로서 오스카상을 받았을 뿐 아니 라 고어에게(IPCC와 공동으로) 노벨 평화상까지 안겨 주었다. 그 영화를 둘러싸고 많은 논쟁이 있었지만, 내 분석에 사용하기에는 그다지 유용 하리라 생각되지 않는다.

내가 여기에 포함시키는 이유는 구체적인 세상에 관한 가능성과 결 과를 짐작할 때 그 같은 영화가 실제로는 얼마나 작은 역할을 하는지 아는 것이 중요하다고 생각하기 때문이다. 나는 고어가 과학자나 경제 학자가 아니지만, 개별적인 일반인보다는 승진할 자격이 충분할 만큼 많은 노력을 기울였으므로, 그를 개별 전문가 바로 아래에 놓는다.

제7장
회의론자들의 이야기
| "그러기에는 비용이 너무 많이 든다" |

정책 논의는 가끔 과학이나 경제학의 논의로 단순화되기도 한다. 온난화 지지자들은 "기후 변화는 확실하지 않을지 모르지만, 그것이 정말 일어나 위험해질 경우를 대비해 조처를 취하는 것이 좋지 않을까?" 하고 말한다. 이에 대해 회의론자들은 "불확실한 위협에 대비하기에는 너무 비용이 많이 들기 때문에 안 된다"고 말한다.

여러분은 제0장을 통해 내가 온난화 지지자임을 알고 있다. 나는 가능한 내 편향을 중립화하기 위해 회의론자들에게 내 주장을 공격하게 했다. 나는 과학계에서 회의론 쪽에 속하는 중량감 있는 정보원을 발견할 수 있으리라고 자신할 만큼 과학 분야에 익숙하지만, 경제학에 대해서는 거의 아무것도 모른다. 그래서 내가 회의론자들에게 도움을 청한 것은 바로 내 의사 결정 도구 상자에서 ①(우리가 기후 변화에 맞서 행동했지만 그럴 필요가 없었던 것)을 채우는 데 도움이 될 매우 믿을 만한 정보원을 찾아내는 것이었다. 그것이 바로 "그러기에는 비용이 너무 많이 든다"는 회의론자들의 요점이기 때문이다.

나는 회의론자들에게 심각한 경제적 결과를 예견하는 훌륭한 정보원을 찾아내라고 거만하게 독려했다. 그리고 〈여러분이 이제껏 보지 못한 가장 무시무시한 비디오〉에도 그렇게 했다. 의도적으로 자신만만하게 굴었다. 나는 점잖은 사랑이다. 그렇지만 그때는 상당히 무례해진 느낌이 들었다! 규모가 크고 보수적인 두뇌 집단들에도 전자 우편을 보내, 내 프로젝트를 설명하고 그들이 내세우는 가장 훌륭한 주장은 무엇인지 알려 달라고 했다. 그리고 몇몇 회의론적인 토론 집단에도 도움을 청했다. 심지어는 회의론 쪽의 가장 권위 있는 경제 전문가 로스 매키트릭과도 접촉했다. 그가 모른다면 아무도 모를 것이라는 생각이었다.

이 장은 이런 탐색의 결과이다. 어쩌면 여러분은 내가 찾아내지 못한 정보원을 찾기도 할 것이다. 그것이 바로 이 책 전체의 요체이다. 즉 여러분 자신이 직접 뛰어들어, 여러분 자신의 결론을 이끌어 내야 한다.

탄소 배출 삭감을 위한 행동에 반대하는 것도 회의론자로 분류됨을 기억하자. 그러므로 여기서는 인간이 지구를 따뜻하게 만들고 있으며 탄소 배출을 낮추는 것이 바람직하다고 말하는 정보원도 볼 수 있을 것이다. 하지만 대체적으로 이 장에서는 지구 온난화의 도구 상자에서 세로줄 B에 내기를 거는 것이 더 낫다고 주장하는 정보원들이 소개된다.

전문가 단체 이야기
미국 석유 지질학자 협회(American Association of Petroleum Geologists)
앞에서 자세히 설명했다시피, 미국 석유 지질학자 협회(AAPG)는 지구 온난화에 회의적인 공식 언명을 폐기한 마지막 과학 전문 단체로, 회원들의 상당수가 제기한 압력에 굴복해 그 입장을 변경했다. 원래 그들은 현재 기후 변화가 어떤 것이든 자연스러운 것이며, 만약 지구가 따뜻해진다면 그것도 인류에게 이로울 것이라는 입장이었다(1999년의 원래 진술 초록은 www.globalwarmingart.com/wiki/Statements_on_Climate_Change에서 볼 수 있다).

2007년 채택된 새로운 진술에서는 지구가 온난화되고 있기는 하지만, 인간의 영향이 어느 정도인지에 대해서는 회원들의 의견이 갈라져 있다고 했다. 그리고 다른 전문 단체들은 인간이 기후를 상당히 부정적으로 변화시키고 있다고 주장한다는 점도 밝혔다. 그렇지만 기후 변화가 여전히 자연스러운 것일 수 있으며, 몇 가지 컴퓨터 모델이 예견한 최악의 상황이 반드시 진실은 아니라고 지적했다.

미국 석유 지질학자 협회는 전문 단체로서 내 신뢰도 스펙트럼의 맨 위에 해당된다. 그러나 만약 경제가 화석 연료에서 다른 것으로 전환된다면 그 회원들이 일자리를 잃을 가능성이 있기 때문에—잠재적인 편향이 증대된다—그 영역에서의 위치를 하향시켜야 한다는 주장이 제기될 수 있다.

두뇌 집단과 사회운동 단체 이야기
코펜하겐 컨센서스

코펜하겐 컨센서스는 2004년 덴마크의 정치학자 비외른 롬보르 조금 뒤에 그에 대해 좀 더 이야기한다.가 소집한 것으로 8명의 저명한 경제학자(그들 가운데 3명이 노벨상 수상자)로 구성된 일시적인 프로젝트였다. 그들의 임무는 인류가 직면하고 있는 중요한 문제들의 우선순위를 정하는 것이었다. 즉 근본적인 인간의 삶이라는 측면에서 가장 큰 효과를 얻고 자 한다면 어디에 자금을 투입해야 하는가 하는 물음에 답하는 것이었 다. 그들은 17개 문제 가운데 인간 면역 결핍 바이러스(HIV)/후천 면역 결핍증(AIDS)의 예방을 최우선으로 꼽고, 기후 변화에 대한 싸움을 아 래쪽 '나쁜 프로젝트'라는 범주에 넣었다.

나는 코펜하겐 컨센서스를 일종의 두뇌 집단으로 간주해 매우 애매 모호한 중간에서 상당히 높은 곳에 놓는다. 불과 8명의 전문가들이 평 가를 했지만 그 가운데 3명이 노벨상 수상자였기 때문이다.

프레이저 연구소의 〈정책 수립자를 위한 독자적 요약〉

프레이저 연구소는 캐나다의 경제 관계 두뇌 집단이며, 지구 온난화 에 대한 그 공식 견해는 인류가 지구를 온난화시키고 있음을 분명하게 부인하지는 않지만 기후 과학에 상당한 불확실성이 남아 있음을 강조 한다.

이 연구소는 IPCC의 2007년도 보고서에 비판적이었으며, 정책 수립 자를 위해 자체의 견해를 요약한 보고서를 작성했다. IPCC 보고서는 각 항목마다 발견한 사실에 대해 요약했는데, 회의론자들의 공통된 비판 은 그 요약이 과학의 불확실성을 경시하고 반대되는 증거를 무시했다 는 것이었다. 〈정책 수립자를 위한 독자적 요약〉은 그 기록을 올바로 바 꾸려는 프레이저 연구소의 시도였다. 10명의 전문가로 구성된 패널이 IPCC의 보고서보다 훨씬 대표성이 있는 그 자체의 요약을 작성했다.

〈정책 수립자를 위한 독자적 요약〉은 지구 온난화가 아무 문제도 아 니며 우리 모두가 마음을 놓아도 좋다고 말하지는 않았지만, 지구 온난

146

화의 확실성과 규모는 과장되어 있다고 결론내렸다. 그리고 그것이 탄소 배출의 상당한 감축을 반대하는 것처럼 보이기 때문에 나는 그것을 회의론적인 견해로 분류한다. *회의론자에 대한 내 정의를 상기할 것.*

그리고 그것을 내 신뢰도 스펙트럼의 매우 애매모호한 중간에 있는 두뇌 집단의 영역 속에 넣는다.

하틀랜드 연구소

대중적인 논쟁에서 중요한 역할을 맡고 있는 하틀랜드 연구소는 2008년 뉴욕에서 지구 온난화에 회의적인 개인들의 회합인 기후 변화에 관한 국제회의를 개최했다. 그 연구소에서는 또 저명한 회의론자들과 기후 변화에 관한 토의를 하자며 앨 고어를 초청하는 계획도 추진한다. *고어는 아직 초청을 수락하지 않았다. 바쁘기 때문이라고 생각한다.*

회의론 정보의 센터로서 이 연구소 웹사이트에서는 기후 변화의 쟁점에 관한 두뇌 집단과 사회운동 단체들에서 나오는 논문들을 쉽게 검색할 수 있다.

하틀랜드 연구소의 사명은—그 웹사이트에 의하면—'사회적·경제적 문제점들에 대해 자유 시장적 해결책을 발견하고 증진시키는 것'이다. 일반적으로 자유 시장론자들은 탄소 배출의 삭감을 상당한 정부의 간섭으로 생각하기 때문에 편향이 끼어들 가능성이 있는 것처럼 보인다. 그러므로 이 연구소는 내 스펙트럼의 두뇌 집단에 들어가지만, 이 쟁점에 대한 편향 가능성 때문에 훨씬 아래쪽에 위치한다. *(시에라 클럽의 경우와 마찬가지이다.*

보수주의적 중량급 두뇌 집단 이야기

워싱턴에는 논쟁에서 중요한 역할을 하는 보수주의적 두뇌 집단이 여럿 있다. 지구 온난화는 이들 보수주의적 두뇌 집단들이 다루는 여러 쟁점 가운데 하나에 지나지 않지만, 내가 그들을 여기에 포함시키는 것은 그들이 대중적 논쟁에서 회의론적인 견해를 나타내는 대부분의 정책 논문, 발표자, 분석가 등을 내놓기 때문이다. 만약 이 쟁점에 관해 이 집단들이 무언가를 발표한다면 곧 주류 미디어에서 적어도 한 번은 언급될 것이다.

그들은 두뇌 집단이므로 모두 내 신뢰도 스펙트럼에서 매우 애매모호한 중간에 들어가며 자유 시장적·자유 의지적 사명을 가지고 있기 때문에 강한 편향을 지닐 가능성이 있다.

경쟁 기업 연구소

경쟁 기업 연구소(CEI)는 지구 온난화에 대한 회의적 태도를 홍보하는 텔레비전 광고를 자주 제작·방영한다. 식물이 CO_2를 필요로 하기 때문에 대기 속에 CO_2가 많아지는 것을 찬양하는 2006년의 광고는 유명하다. 거기에서는 아름다운 피아노 음악이 흐르면서 민들레 씨를 입으로 불어 날리는 아이들의 느린 동작이 연출되면서 "이산화탄소, 그것을 오염이라 부르는 사람이 있습니다. 우리는 그것을 생명이라 부릅니다"는 목소리가 깔린다.

카토 연구소

카토 연구소는 엄격한 자유주의적 철학 때문에 이민과 마리화나의 합법화(둘 다 찬성한다) 등과 같은 쟁점에서 다른 보수주의적 두뇌 집단과 차별화되지만, 정부의 통제에 반대하는 근본적인 철학 때문에 지구 온난화에 관해서는 다른 두뇌 집단과 어깨를 나란히 하고 있다.

헤리티지 재단

나는 경제적 재앙의 시나리오를 검색하는 가운데 헤리티지 재단에서 나온 1998년의 논문을 발견했다. 그 내용은 미국이 온실 가스 배출을 제한하는 교토 의정서를 채택하면 '참담한 경제적 결과'를 맞이할 것이라는 경고였다. 그리고 1998년에 나온 미국 에너지 정보처(EIA)의 보고서를 다루면서 그 보고서를 '녹아웃 펀치'라고 했다.

그 보고서에서 끄집어 낸 가장 참담한 결과는 2010년까지 가솔린 가격이 갤런 당 1.91달러까지 치솟는다는 최악의 경우에 대한 상정이었다. 나로서는 그와 같은 감점 요인 때문에 앞으로 그 재단에서 나올 경제적 파국의 예상에 대해 불신을 갖게 된다.

마셜 연구소

나오미 오레스키스의 조사에 의하면, 마셜 연구소는 기후 변화에 관한 허위 정보를 퍼뜨리는 중심이다. 기후 변화에 관해 그 연구소는 온라인을 통해 "기후 변화의 위험이 사실이기 때문에 조처를 취할 근거는 충분하다"는 온난화 지지의 입장을 표명하는 반면, 출판물에서는 오로지 그리고 강력하게 회의론만 피력한다.

청원서와 스스로 선택한 진술

오리건 청원서

교토 의정서에 반대하기 위해 1999년에 작성된 오리건 청원서는 상당한 영향을 발휘했으며, 네브래스카 주 상원의원 척 헤이글은 지구 온난화 조약에 관한 토의가 있을 때 상원 본회의장에서 그것을 들어 흔들어 보이기도 했다. 이 청원서는 여러 가지 이름으로 바뀌므로 '3만 1000명(1만 9000명, 1만 7000명) 과학자의 청원서', '청원서 프로젝트', '오리건 청원서', '지구 온난화 청원서' 등의 말이 나오면 모두 이 문서를 가리킨다는 것을 기억하기 바란다.

그 청원서에서는 인류가 기후를 변화시킬지도 모른다는 "확신을 주는 과학적 증거는 없다"고 진술한다. 그리고 탄소 배출을 제한하는 것이 실제로 인류와 환경에 해가 될 것이며 CO_2의 증가는 이롭다고 주장하기도 한다.

내가 볼 때 여기에는 신뢰도를 상당히 떨어뜨리는 몇 가지 요인이 있다. 첫째, 이 청원서는 마치 미국 국립 과학원에서 나온 것처럼 훌륭하게 디자인된 자료를 가지고 홍보했기 때문에 국립 과학원은 언론으로부터 왜 갑자기 입장을 바꾸었는지 문의를 받았다. 그래서 지구 온난화에 대한 국립 과학원의 입장을 다시 알려야 했다.

둘째로 오리건 청원서는 서명자를 제대로 관리하지 않았다. 주동자들은 온난화 지지자들에 의해 조롱을 받고 나서야 서둘러 엉터리 이름—드라마의 극중 인물도 포함되어 있었다—을 삭제했다. 그리고 서명자의 소속이 밝혀져 있지 않아 그들의 배경을 살필 수 없기 때문에 서명자의 신뢰도를 평가할 수 없었다.

따라서 인상적인 서명자의 숫자에도 불구하고 이 청원서는 내게 신

뢰를 주지 못한다. 그러나 내 신뢰도 스펙트럼의 매우 애매모호한 중간
에서 강등시킬 방법을 확립하지 못했기 때문에—그리고 확증 편향의 현
저한 본보기처럼 보일 것이므로, 지금 그래서는 안 되기 때문에— 나는
이 청원서를 그 영역의 맨 아래에 놓는다.

〈인간이 지구 온난화를 일으켰다는 주장에 저명한 과학자 400명 이상이 이의를 제기했다는 2007년 미국 상원의 보고서〉

〈인간이 지구 온난화를 일으켰다는 주장에 저명한 과학자 400명 이
상이 이의를 제기했다는 2007년 미국 상원의 보고서〉는 '지구 온난화
에 반대하는 400인 과학자들 목록'으로 널리 통한다. 이것은 표면상 상
당히 권위가 있는 것처럼 여겨지지만, 그 문서에 여러 가지 허점이 있기
때문에 나는 그다지 신뢰하지 않는다.

그것은 표지에 미국 상원의 공식 인장까지 찍혀 있는 등 상원의 공식
보고서처럼 꾸며져 있으나, 자세히 보면 제임스 인호프 상원의원의 보
좌관 가운데 한 사람이 만든 문건에 불과하다. 나는 그것이 의도적인 속
임수라고 생각한다.

그리고 이중 등재도 허다하다. 한 번은 개인으로, 한 번은 100인 이상
의 '저명한 국제적인 과학자들'이 국제연합에 보내는 서한의 서명자로,
한 번은 60인의 '저명한 과학자들'이 캐나다 총리에게 보내는 서한의
서명자로 세 번이나 들어간 사람도 발견했다. 많은 이름을 훑어볼 때 즈비
그뉴 같은 이름은 눈에 띄게 마련하다. 당연하지 않은가?

제목에는 '과학자'라고 되어 있지만 언급된 개인들 가운데 다수는 기
술자, 발명가, 경제학자 등이다. 그리고 그들 가운데 다수가 그 제목에
서 주장하는 것처럼 지구 온난화를 부인하는 것이 아니라 단지 미진한

불확실성을 줄이기 위해 더 많은 연구가 필요하다고 말할 뿐이었다.

내가 볼 때 이들 모든 요인은 그 보고서의 신뢰도를 심각하게 훼손시킨다. *하지만 여러분은 직접 살펴보고 스스로 판단하기 바란다.* 그래서 나는 그것을 매우 애매모호한 중간의 아래쪽에 둔다.

맨해튼 선언

맨해튼 선언은 하틀랜드 연구소가 주최한 2008년도 기후 변화에 관한 국제회의에서 나온 청원서이다. 500명 이상의 지지자들이 서명한 그 선언은 탄소 배출이 기후를 변화시킨다는 확실한 증거가 없고, CO_2 배출 감축은 번영을 '무의미하게 박탈해' 버릴 것이며, 배출을 감축하려는 모든 정책은 즉각 폐기되어야 한다고 밝혔다.

그러나 서명자 가운데 얼마나 많은 사람들이 기후 변화의 과학이나 경제학을 평가할 자격이 있는지는 분명하지 않다. 이것은 청원서이기 때문에 내 신뢰도 스펙트럼에서는 매우 애매모호한 중간에 들어간다.

비정부 기후 변화 국제 협의체

대기 물리학자 S. 프레드 싱어가 이끄는 23인으로 구성된 비정부 기후 변화 국제 협의체(NIPCC)는 앞서 다룬 〈정책 수립자를 위한 독자적 요약〉과 목적이 비슷하며, IPCC 보고서가 지니는 정치적 동기의 진술에 균형을 맞추기 위해 그 보고서를 자체적으로 요약해 소개하고 있다.

그 문헌의 서문을 보면 우리는 그 핵심을 파악할 수 있다.

중요한 계획을 추진하기 전에 우리는 '2차적 의견'도 들어보려 하지 않을까? 한 국가의 경제적 미래 또는 어쩌면 생태계의 운명이 좌우될지도 모르는 중요한 결정에 직면할 때도 마찬가지이다. 똑같은 원래의 증거를 검토하지만 다른 결론에 도달할지도 모르는 두 번째 팀을 구성하는 것은 오래된 전통이다.

이 협의체는 아니나 다를까 자연적인 원인이 기후 변화를 지배한다는 결론에 이른다. 이 문헌은 청원서와 비슷하기 때문에 내 스펙트럼의 매우 애매모호한 중간에 넣는다.

라이프치히 선언

사소한 것이지만 고백할 것이 하나 있다. 라이프치히 선언에 대해 처음 조사하기 시작했을 때, 이 선언이 여러 가지 서로 다른 내용과 많은 논란을 제기하는 데다 이미 내가 신뢰하지 않는 몇 가지 정보원과 연관되어 있는 것을 알게 되자, 나는 조사를 중단하고 그 서명자들의 배경조차 알아보려고 하지 않았다.

내가 그 사실을 부끄러워하면서도 여러분에게 털어놓는 것은 그것이 유용한 교훈이 된다고 생각하기 때문이다. 만약 우리가 쟁점을 평가하는 데 완벽하고자 한다면, 우리는 조금 나아지는 수준에 이르기 위해서라도 결코 자리를 뜰 수 없을 것이다. 신뢰도 스펙트럼과 의사 결정 도구 상자가 지니는 장점 가운데 하나는 완벽을 요구하지 않는다는 점이다. 우리에게 허용된 시간에 맞추어 임시적인 결정을 내린 뒤 새로운 정보에 개방적이기만 하면 된다.

나는 라이프치히 선언을 매우 애매모호한 중간의 아래쪽에 놓았다. 하지만 나중에 가서 내가 만든 신뢰도 스펙트럼이 가능성이나 결과를 분명히 나타내지 않는다면, 다시 돌아와 이 선언의 위치와 중요성을 더욱 자세히 검토할 수 있을 것이다.

개별 과학자와 경제학자들 이야기

리처드 린드즌

리처드 린드즌은 회의론자 가운데 가장 저명한 과학자이다. 그는 매사추세츠 공과대학의 기후학자이며 미국 국립 과학원 회원으로 결코 호락호락한 인물이 아니다.

그는 여러 해에 걸쳐 〈월 스트리트 저널〉 같은 영향력 있는 곳에 여러 차례 회의론적인 글을 발표했다. 그가 기본적으로 하려는 말은 과학계에 널리 퍼져 있는 의견 일치는 '시류에 편승하려는 경향'과 명성이나 금전 추구의 결과라는 것이다. 최근 그의 공격은 더욱 날카로워지고 있으며, 2008년—전문가 검토가 이루어지지 않은—온라인상에 발표한 글을 통해 그는 국립 과학원이나 다른 전문 단체들이 환경 운동가들에게 나쁜 영향을 받고 타락했으며, 환경 운동가들이 그들 단체에서 발표하는 진술에 영향을 미치고 있다고 주장했다.

또한 과학적인 측면에서는 온난화와 마찬가지로 한랭화할 가능성도 있고, 인류를 기후 변화에 관련시킬 수는 없으며, 컴퓨터에 의한 기후 모델 예측이 사실이라 하더라도 파국적인 결과를 보게 되는 것이 아니라 폭풍우가 줄어들 것이라 예측하고 있다. 나는 이 진술의 신뢰도를 평가하면서, 모든 것이 논평에서 언급된 공개적 진술이며 전문가 검토가 이루어진 논문에서 나온 말이 아니라는 사실을 주목했다.

많은 글을 발표한 기후학자이자 미국 국립 과학원 회원인 그는 정상적인 경우 내 스펙트럼의 개별 전문가 범주에서 상당히 높은 위치에 올라갈 것이다. 하지만 그의 진술이 전문가 검토가 이루어지는 논문을 통해서가 아니라 언론을 통해 발표된 점을 감안해, 나는 제임스 핸슨처럼 높이 올리지 않는다. 핸슨의 공개적인 진술은 전문가 검토가 이루어진 작업을 그대로 반영하고 있다.

로스 매키트릭

로스 매키트릭은 광산업계 컨설턴트인 스티브 매킨타이어와 협동해 IPCC의 2001년도 보고서에 잘못 사용되어 오명을 입은 하키 스틱 그래프(지난 1000년 동안의 추측 온도를 보여 주는 그래프. 1900년까지 상대적으로 평탄했던 온도 변화가 급속히 상승하면서 하키 스틱의 모양과 비슷하기 때문에 붙여진 이름이다—옮긴이) 작성 방법의 오류를 확인한 경제학 교수이다. 그러나 그 그래프의 결론은 나중에 미국 국립 과학원 산하 국립 연구 평의회에 의해 확인되었다(결론은 맞았지만 방법이 잘못된 것이었다).

매키트릭은 오래전부터 교토 의정서에 대해 열렬히 반대해 왔고 다수의 논평과 2002년에 간행된 저서《폭풍에 휩싸이다: 지구 온난화로 골치를 앓는 과학 · 정책 · 정치(Taken by Storm: The Troubled Science, Policy, Politics of Global Warming)》등을 썼다. 그는 또 프레이저 연구소의 〈정책 수립자를 위한 독자적 요약〉에 관여했고, '지구 평균 기온'이 구체적인 의미가 있다는 견해에 도전하는 인물로도 알려져 있다.

전문가로서 그는 기후 변화의 경제학에 대해 이야기할 자격을 갖고 있지만, 자유주의적인 프레이저 연구소와의 관계—그곳의 선임 연구원이다—와 온난화 지지자들을 '불안 조장자'로 규정하는 것은 그의 신뢰도를 평가할 때 편향의 요인으로 영향을 미친다. 나는 내 스펙트럼에서 그를 개별 전문가의 수준에 놓는다.

S. 프레드 싱어

S. 프레드 싱어는 정부 기관, 학술 단체, 두뇌 집단 등의 다채로운 경

력을 지니고 있는 대기 물리학자이다. 그는 기상 관측 위성에서 사용되는 최초의 장치 가운데 일부를 발명했다. 처음부터 회의론자로서 적극적으로 활약했으며, 2008년에 공저《지구 온난화에 속지 마라》를 썼다. 싱어는 또 회의론적인 주장의 정보 센터인 과학 및 환경 정책 프로젝트도 진행하고 있다.

온난화 지지자들은 그를 담배 산업과 관련시켜 설명한다. 담배 회사들이 담배와 암의 관계에 대해 그랬던 것처럼 싱어가 지구 온난화에 관한 '허위 정보를 퍼뜨리는 운동'을 하고 있다고 비난한다. 그러나 싱어는 대기 과학자이므로 나는 그를 내 스펙트럼에서 개별 전문가의 수준에 넣는다.

로버트 M. 카터

로버트 카터는 많은 글을 발표한 고생물학자이자 뉴질랜드 기후 과학 연합의 창립 회원이며, 대중적인 신문에 지구 온난화에 관해 정기적으로 글을 기고한다. 2007년 그는 '위험한 지구 온난화라는 가설의 시험'이라는 제목으로 강연을 했으며, 그것은 〈기후 변화—CO₂가 원인인가?〉라는 제목으로 온라인에서 널리 유포되었다. 카터는 그 비디오에서 인간이 일으킨 지구 온난화라는 가설을 많은 그래프와 데이터를 사용해 시험하고 그것이 맞지 않음을 발견했지만, 내가 이 책을 쓰고 있는 현재까지 그것을 전문가 검토가 이루어지는 간행물에 발표하지 않았다. 나는 그를 내 스펙트럼의 개별 전문가 수준에 넣는다.

존 크리스티

존 크리스티는 상당한 업적이 있는 대기 과학자로서 IPCC의 2001

년도 보고서의 대표 저자였다. 그와 로이 스펜서 *바로 이 다음에 소개된다.* 는 1991년에 NASA에서 수여하는 '우수한 과학적 업적에 주는 메달'을 받은 지구 온도 데이터 세트를 개발했다.

크리스티는 그가 가지고 있는 온도 기록과 기후 모델의 예견 사이의 불일치를 바탕으로 인간의 탄소 배출이 기후에 인식할 수 있는 정도의 영향을 미치며, 그 영향은 식품 생산의 증대와 동사의 감소 등 인간에 이로울 것이라고 생각했다.

2005년 크리스티는 그가 개발한 데이터 세트의 오류를 인정해 기후 모델들과의 불일치를 줄였지만, 그래도 여전히 인류가 지구 온난화의 중요한 요인은 아니라는 견해를 갖고 있다.

초기에 수상한 경력을 감안하면 그는 개별 전문가 수준에서 높은 곳에 위치하겠지만, 그의 믿음에 바탕이 된 증거—그가 개발한 온도 데이터 세트와 기후 모델들과의 불일치—가 수정되었을 때 자신의 믿음을 조정하지 않고 유지했던 사실 때문에 그에 대한 신뢰도는 낮아진다. 심각한 편향을 드러내는 것 같기 때문이다. 그래서 나는 크리스티를 내 스펙트럼의 개별 전문가 수준에서 낮은 곳에 넣는다.

로이 W. 스펜서

로이 스펜서는 기상학자로서 존 크리스티와 했던 협동 작업으로 1991년도 NASA가 우수한 과학적 업적에 주는 메달을 받았다. 그는 지구가 온난화되고 있음을 믿지만, 인간의 영향은 최소한이며 주로 자연적인 현상이라고 생각한다. 그는 의회에서 다음과 같이 증언했다. "몇 년 이내에 지구 온난화를 조사 연구하는 개인이나 단체들은 우리가 관측하는 대부분의 기후 변화가 자연적이라는 것, 그리고 인류의 역할이

상대적으로 적다는 점을 깨달을 것으로 생각한다."

2008년 스펜서는 베스트셀러가 된 책《기후 커넥션》을 출판했다. 나는 크리스티의 경우에 주목했던 것과 같은 이유로 내 스펙트럼에서 스펜서를 개별 전문가 수준의 낮은 곳에 넣는다.

개별적인 일반인 이야기
스티브 매킨타이어

광업 컨설턴트인 스티브 매킨타이어는 기후 과학의 체제라는 골리앗에 맞서는 다윗과 같은 존재이다. 앞서 소개된 로스 매키트릭과 함께 기후 과학의 핵심이 되는 기온 데이터 세트의 감시자 역할을 하는 웹사이트 ClimateAudit.org를 운영하고 있다.

매킨타이어는 분명히 자신이 무엇을 하고 있는지 잘 알고 있는 사람이다. 아무도 알아차리지 못했으며 NASA도 나중에 그것을 인정하고 고친 NASA의 데이터 세트의 오류를 지적했기 때문이다. 그는 또 하키 스틱 논란(하키 스틱 그래프의 기술적 보정 및 지구 온난화를 나타내는 의미 등에 관한 논쟁—옮긴이)에 개입되었다. 그와 매키트릭은 중요한 전투에서 이겼지만 전쟁에서는 패배했다.

매킨타이어는 인간이 일으키는 지구 온난화는 사실이 아니라고 주장하는 사람들 사이에서는 상당한 영웅 대접을 받고 있지만, 그의 견해가 그 정도까지는 아니라고 생각한다. 그의 웹사이트를 보면 그는 자신의 작업은 지구 온난화를 부정하는 것이 아니라, 단지 2001년도 IPCC의 보고서에 사용된 하키 스틱 그래프가 작성 과정에서 타당하지 않았던 것에 관심이 있을 뿐이라 말한다.

정식으로 기후 과학이나 경제학 교육을 받지 않은 매컨타이어가 NASA의 데이터 세트와 하키 스틱 모양 그래프의 방법론적 오류를 찾아내는 데 성공한 점은 인정할 만하다. 그러므로 나는 그를 개별적인 전문가 수준 바로 아래의 개별적인 일반인 수준에 넣는다.

비외른 롬보르

비외른 롬보르는 아마도 오늘날 지구 온난화의 논쟁에서 가장 유명한 인물일 것이다. 그는 논란을 불러일으킨 두 권의 베스트셀러 《회의적 환경주의자》와 《쿨잇》의 작가이다. 그는 정치학 박사로서 1994년부터 모국 덴마크의 대학에서 경영학 및 통계학 강의를 맡고 있다. 롬보르는 인간이 일으킨 지구 온난화는 문제임이 분명하지만, 그것이 과장되어 왔다고 생각하며, 탄소 배출을 과감하게 감축하려는 시도에는 강력히 반대하는 입장을 취하고 있다.

그는 《쿨잇》에서 그 이유를 자세히 적었는데, 2004년 그가 개최한 코펜하겐 컨센서스의 방법과 결론을 아주 많이 답습했다. 그리고 지구 온난화의 영향은 그리 나쁘지 않을 것이며, 그것을 완화시키기 위해 엄청난 돈을 지출하더라도 우리 생활의 질을 조금밖에 개선하지 못할 것이라고 주장했다.

그 대신에 에어컨을 구입하거나 해수면의 상승에 대응하는 제방을 건설하는 등 변화에 적응할 수 있도록 빠르게 경제를 성장시켜야 한다고 강조했다. 그도 탄소 배출의 삭감을 주장―2100년까지 10퍼센트를 감축―하지만, 그 감축의 양이 미미하기 때문에 나는 그를 회의론자로 분류한다.

"간단히 말해 우리는 지나치게 과장된 공포 이야기에 사로잡혀 있다. (중략) 우리가 냉정을 유지할 수 있다면, 21세기는 죽음·고통·상실이 없는 훨씬 청결하고 건강한 환경과 충분한 기회를 제공하는 훨씬 부강한 국가들로 가득 차게 될 것"이라고 그는 이야기한다. 이 견해를 핸슨의 주장과 대비하면 흥미롭다. 극명한 차이 중 하나는 핸슨의 견해는 2008년의 과학을 바탕으로 하고, 롬보르의 견해는 2001년도 IPCC 보고서의 중간 시나리오를 바탕으로 한다는 것이다. 그리고 또 핸슨이 기후학자이며 롬보르는 정치 및 경제학 분야에 속하는 인물이라는 점도 신뢰도에 영향을 미친다.

나는 롬보르가 과학자도 아니고 경제학자도 아닌데도 내 신뢰도 스펙트럼의 개별적 일반인 수준의 아래쪽에 놓지 않는다. 그는 우리들보다는 훨씬 많은 노력을 기울였다. 내가 상당히 존중하는 잡지 〈사이언티픽 아메리칸〉에서 기후과학자들이 롬보르의 주장에 대한 자세한 비평을 수록한 것이 의미가 있었다. 그래서 나는 그를 일반인과 전문가 사이에 넣는다.

마틴 더킨과 〈지구 온난화에 관한 커다란 사기(The Great Global Warming Swindle)〉

영국의 영화 제작자 마틴 더킨이 만든 〈지구 온난화에 관한 커다란 사기〉는 앨 고어가 2006년에 내놓은 〈불편한 진실〉에 대한 회의론자들의 응수라고 평가되었고, 2007년 나오자마자 온라인에서 폭발적으로 유포되었다. 더킨은 지구 온난화를 인간이 일으켰다는 것이 사실이 아님을 주장하기 위해 많은 그래프를 사용하고 여러 과학자를 인터뷰했다. 고어의 영화와 마찬가지로 그 영화도 날카로운 논쟁을 많이 불러일으켰기 때문에 내 분석에 그것을 사용하는 것이 적절하다고 생각하지 않는다. 그런데도 내가 여기에 이 영화를 포함시키는 이유는 단지 그 영화가 많은 관심을 끌었으며 스펙트럼의 전체적인 윤곽을 파악하는 데 이러한 류의 정보원을 어디에 넣을지 판단해 보는 것도 좋으리라 생각하기 때문이다.

나는 〈불편한 진실〉과 마찬가지로 더킨의 영화를 개별적인 일반인의 수준보다 높이 올린다. 다큐멘터리를 만들기 위해서는 많은 조사 작업이 필요하기 때문이다. 하지만 그 영화에 관련되었다가 나중에 자신들의 작업이나 인터뷰가 왜곡되었다고 주장하는 과학자들의 많은 불평 때문에 더킨을 고어만큼 높이 올리지는 않는다.

마이클 크라이튼

대중적인 공상 과학 소설의 작가인 마이클 크라이튼은 2004년 베스트셀러 소설《공포의 제국》을 썼다. 소설임에도 이 작품에는 많은 그래프와 각주가 있으며, 과학이 현재 이해하고 있는 것은 타당한 결론을 형성하기에는 너무 불확실하고, 과학자들은 그들의 연구 자금을 확보하기 위해 위협을 만들어 내는 경우가 적지 않다고 주장한다.

그는 정식으로 과학 교육을 받지 않았지만(의학 박사 학위를 획득했다) 의회에 나가 지구 온난화에 관해 증언했으며 *상원의원 제임스 인호프의 초청을 받았다.* 2006년에는 부시 대통령이 그를 접견해 1시간 동안 그 문제에 대해 논의했다. 그리고 같은 해 미국 석유 지질학자 협회의 언론상을 수상했다. 때문에 그를 내 신뢰도 스펙트럼의 개별적 일반인 수준에서 상당히 높은 자리로 올리는 것은 정당하다.

스티브 밀로이

스티브 밀로이는 인기가 많은 회의론적 웹사이트 JunkScience.com

을 운영한다. 그 사이트는 상당한 인정을 받고 있으며(1998년에는 〈사이언스〉에서 선정한 '인기 사이트'의 하나로 소개되기도 했다), '2007년에 이루어진 기후의 신화 파괴 사례 10제' 등과 같은 아주 흔한 회의론적 주장을 내세우면서 정보 센터 기능을 담당하고 있다.

밀로이는 '유해한 지구 온난화가 인간에 의해 일어나고 있음을 과학적 방법으로 증명하는 최초의 인물'에게 50만 달러의 상금을 지급하겠다면서 '궁극적인 지구 온난화 도전'을 발표해 화제를 모았다. 아직 그를 만족시킨 사람은 없으므로 시도해 볼 생각이 있다면 그의 사이트를 방문해 보라. 응모 방법에 관한 자세한 안내가 있다.

그 상금을 차지할 사람이 누구인지 알 수 없지만, 밀로이는 법률 학위만 있을 뿐 과학적 훈련을 거치지 않았기 때문에 내 스펙트럼에서는 개별적인 일반인 수준에 넣는다.

베니 파이저

베니 파이저는 사회 인류학자이며 나오미 오레스키스가 조사해 다른 결과를 얻었던, 기후 변화에 관한 전문가 검토가 이루어진 문헌을 다시 조사함으로써 지구 온난화 논쟁에서 자신의 이름을 알렸다. 그의 결과는 전문가 검토가 이루어진 문헌에서 더 많은 반대를 나타냈고, 따라서 인간이 일으킨 지구 온난화가 사실이라는 과학자들의 주장을 반박하는 데 사용되었다. 많은 논란이 이어진 뒤, 파이저는 방법상 상당한 오류를 저질렀기 때문에 결국 자신의 결과를 철회했다.

학자이긴 하지만 과학적 훈련이 결여되어 있기 때문에 내 신뢰도 스펙트럼에서는 개별적인 일반인 수준에 놓이며, 게다가 해당 문제에 대한 그의 형편없는 행적 때문에 개별 일반인 수준에서도 아래에 속한다.

제3대 몽크턴 오브 브렌칠리 자작 크리스토퍼 월터 경

크리스토퍼 몽크턴은 영국의 기업 컨설턴트로서—그리고 마거릿 대처 총리의 보좌관을 지냈다—지구 온난화에 대한 회의론적인 입장의 글을 많이 쓰고 있어 언젠가는 그가 쓴 글과 마주칠 가능성이 높다. 그는 많은 논란을 일으키는 인물이며, IPCC 보고서와 스턴 보고서에 대한 열렬한 비판자였다. 세간의 이목을 끌었던 그의 활동 내용은 다음과 같다.

- 〈지구 온난화에 관한 커다란 사기〉를 영국 학교들에 배포하는 자금 지원.
- 지구 온난화가 틀렸음을 지적하는 강연을 하였고, 그것은 〈세상의 종말? 아니다!(Apocalypse? No!)〉라는 제목의 영화로 제작되어 배포됨.
- 미국 물리학 협회(APS)의 회보에 전문가 검토가 이루어지지 않은 논문을 씀. 그것은 미국 물리학 협회가 기후 변화에 관한 공식적인 온난화 지지 입장을 바꾸는 것으로 잘못 해석되어 커다란 소란을 일으켰다. 그 회보는 몽크턴의 논문 위에 회보 자체의 입장과 다르다는 단서를 달았고 회보를 간행하는 미국 물리학 협회의 담당 부서는 그 회보의 내용을 부인했다. 협회 자체도 기존 입장에 아무 변함이 없다는 공식 입장을 발표했다.

몽크턴은 과학 및 경제학 교육을 받지 않았으며, 내가 알기에 과학자들에게도 무시당하는 축에 들기 때문에, 개별적인 일반인 수준의 낮은 곳에 들어간다.

제임스 인호프 상원의원

미국 공화당 상원의원 제임스 인호프는 지구 온난화에 관한 대중적 논쟁에서 매우 막강하고 많은 논란을 불러일으키는 인물이다. 그의 상

원 사무실은 회의론적 견해의 노다지라 할 만한 웹사이트를 운영하고
있다.

인호프의 견해와 활동은 너무 많아 여기서 소개할 수 없지만 그의 상
원 웹사이트와 위키피디아에서 그를 다룬 항목을 보면 훌륭하게 요약되어 있다.
그가 상원의 환경 및 공공사업 위원회 위원장이었을 때 밝힌 유명한 말
이 그의 행적을 그대로 보여준다. "지구 온난화는 미국인이 지금껏 들
어온 것 가운데 가장 커다란 거짓말이다." 인호프는 또 이 장의 앞쪽에
서 이야기한 '400인 과학자들의 목록'도 주관했다.

나는 상원의원 인호프를 내 신뢰도 스펙트럼의 개별적인 일반인 수
준에 넣는다. 그의 과거 행적을 보면, 그는 여러 해 동안 과학적 의견의
물결이 회의론 쪽으로 흐르고 있다고 주장했지만 그 정당성을 입증하
지 못했다. 나는 제6장에서 이야기한 전문 단체들의 진술을 바탕으로 이렇게 판
단한다. 그래서 나는 그를 그다지 신뢰하지 않는다.

경제학 정보원들 이야기

내가 검토한 경제학 정보원 진술은 지구 온난화 논쟁에서 어떤 입장
을 주장하지 않는다. 그러나 회의론자들은 보통 행동하는 데 너무 많은
비용이 소요된다는 점을 내세우기 일쑤이며, 경제학 정보원의 진술은
비용을 자세히 다루므로, 온난화 지지자들의 장보다 이 장에 그것을 포
함시키는 편이 더욱 적절할 것 같았다.

내 신뢰도 스펙트럼에서 경제학 정보원은 온난화 지지자들과 회의론
자들 사이에 놓는다. 의사 결정 도구 상자의 칸에 들어갈 내용을 추측할
때 그들을 고려해야 한다는 점을 잊지 않기 위해서이다. 내가 스턴 보고

서를 온난화 지지자 쪽에 넣은 것은 행동을 취하지 않았을 때의 비용이 행동을 취했을 때의 비용보다 크다고 결론내렸기 때문이다. 그래서 세로줄 A의 주장을 지지한다.

나는 의사 결정 도구 상자 ①의 최악의 시나리오—탄소 배출을 대폭 삭감하기 위한 조처로 촉발된 대대적인 경제 공황 같은 것—를 입증할 정보원을 찾고 있었다. 하지만 그 같은 시나리오를 이야기하는 사람을 하나도 찾지 못했다. 발견한 것이라고는 내가 어떻게 해석해야 할지 모르는 경제학적 수치들뿐이었다.

그래서 나는 우리가 친숙한 숫자인 가솔린 가격과 경제 성장의 척도인 국내 총생산(GDP)을 끄집어냈다.

미국 에너지 정보처

〈교토 의정서가 미국의 에너지 시장과 경제 활동에 미치는 영향〉이라는 제목의 1998년 보고서는 2010년까지 가솔린 가격이 갤런당 1.91 달러까지 치솟고, GDP가 4년 동안(2008년부터 2012년까지) 4퍼센트 줄어들 것이라는 최악의 시나리오를 내놓았다.

그 보고서는 미국 에너지부 산하 에너지 정보처에서 간행되었으므로 정부 기관의 보고서 수준에 들어간다.

분석 및 모델링 협회

캐나다 정부 기관인 분석 및 모델링 그룹(AMG)은 2000년 〈교토 의정서가 캐나다에 미치는 경제 및 환경의 의미에 대한 평가〉라는 제목의 보고서를 내놓았다.

내가 발견한 최악의 시나리오는 10년 동안 GDP가 3퍼센트 감소한다는 내용이었다. "이들 추측에 대해서는 균형감을 갖는 것이 중요하다. 예컨대 2010년 GDP가 3퍼센트 감소한다는 것은 예시된 경우 10년 동안 30퍼센트 성장하는 대신에 약 26퍼센트 성장한다는 뜻이다."

이것이 정부 기관의 보고서이므로 나는 내 스펙트럼에서 상당히 높은 곳, 그리고 다시 양편을 가르는 선 위에 놓는다.

제8장

최후의 날에 대한 해명

| "문제는 온도가 아니다" |

대부분의 사람이 지구 온난화의 기초에 익숙하다. 우리는 화석 연료를 연소시키고 삼림을 벌채함으로써 이산화탄소를 대기 속으로 방출한다. 그러면 이산화탄소는 더 많은 태양열을 가두어 온실 유리처럼 지구의 내부 온도를 높인다. 그 때문에 온실 효과라는 말이 나왔다. 유리가 두꺼울수록 온실은 더욱 따뜻해진다.

이 같은 작용을 하는 '온실 가스'는 여러 가지가 있는데, 가장 중요한 것이 수증기·이산화탄소(CO_2)·메탄 등이다. 수증기는 온실 효과를 일으키는 지배적인 기체이지만, 아무도 수증기에 대해서는 이야기하지 않는다. 공기 속에 얼마가 있든 아무것도 할 수 없기 때문이다. 사람들이 탄소 배출을 이야기할 때 의미하는 것은 일반적으로 CO_2이지만 탄소 원자가 있는 메탄을 포함시키기도 한다.

온실 가스는 좋은 것이다. 온실 가스가 없으면 우리는 여기에 살지 못할 것이다. 하지만 온실 가스가 많다고 반드시 더 좋은 것은 아니다.

하지만 아무리 그래도 내가 제6장에서 이야기한 온난화 지지자들의 급박성은 상식을 넘어선다. 세계적인 대기업의 총수들이 정부의 규제를 요구하다니? 군대의 고위 장성들이 "우리 모두가 죽을 것이다!" 하고 소리치다니, 말이 되는가? 고작 2도 정도 따뜻해진 걸 가지고? 대관절 무엇 때문일까?

어떻든 급하게 뛰어들지 말자는 회의론자들의 주장이 훨씬 분별 있어 보인다. 기후는 항상 변화해 왔다. 그런데 왜 갑자기 우리가 환경의 악이 되는가? 문제가 있는지조차 확실하지 않은 마당에 왜 경제를 위협할 것인가?

왜 온난화 지지자인가?

그럼 온난화 지지자들은 무엇을 하자는 것일까?

온난화 지지자들의 핵심적인 주장을 바로 이 장에서 탐구해 보려고 한다. 무엇인가 합리적이지 않아 보이면 우리는 그것을 무시한다. 그리고 여러 온난화 지지자들의 주장은 매우 합리적이지 않아 보인다. 그러나 두뇌가 우리에게 선사하는 곤란에 대해 많이 배운 만큼, 합리적이지 않아 보인다고 해서 무시하는 것이 최상의 방책은 아님을 여러분은 이미 알고 있을지도 모르겠다. 과학사에서는 처음에는 합리적이지 않아 보였다가 나중에 사실임이 드러난 이야기가 가득하다. *지구가 태양의 주위를 돈다니 무슨 말인가? 내 눈으로 태양이 움직이는 것을 볼 수 있는데, 바보 같으니!*

그러므로 온난화 지지자들의 진술을 여러분의 신뢰도 스펙트럼에 넣을 때 그들의 비합리성에 영향을 받지 않기 위해서는 그들이 왜 그렇게 이야기하는지를 살펴보아야 한다. 나는 회의론자들의 주장은 다루지 않을 생각이다. 꼭 그래야 할 이유를 알기 전까지 경제나 자유를 위험에 빠뜨리지 말자는 그들의 주장은 훨씬 이해하기 쉽기 때문이다.

이들의 주장 뒤를 따르는 것은 대부분 훌륭하게 정립된 과학이며, 그 중에서 특히 기초 물리학은 보편적으로 인정되고 있다. 이산화탄소가 대기 속에 열을 가둔다, 지난 150년 동안(특히 지난 30년 동안) 인간의 활동이 그 가운데 상당한 양을 배출해 왔다, 그리고 50년 전 측정을 시작한 이래 대기 속의 이산화탄소 농도가 꾸준히 증가하고 있다는 사실은 잘 알려져 있다.

과학계의 논쟁은 온난화가 얼마나 심각하고 얼마나 빨리 이루어질 것이냐 하는 문제이다. 의견 일치가 이루어지지 않은 부분은 그 가능성이 얼마나 높을 것이냐, 이 행성의 생명 가운데 90퍼센트가 종말에까지 이를 것이냐 하는 점이다. 이 흥미로운 시나리오는 최근 고생물학자 피터 위드에 의해 제기되었다. 그는 지구 온난화를 촉발했던 자그마한 충격으로 인해 공룡들이 죽었던 것보다 더 큰 종의 대량 멸종이 일어날지도 모른다고 주장했다. 그리하여 '가장 불길한 박사'라는 별명을 얻었다.

탄소는 원래 순환한다. 그런데 왜 야단인가?

먼저 몇 가지 기초적인 것부터 알아보자.

식물부터 시작한다. 그들은 자그마한, 매우 놀라운 장치이다. 우리는 햇빛을 받아들여 에너지를 비축하는 식물을 불태우거나 먹으면서 그

에너지를 꺼내 쓴다. 식물로부터 얻는 에너지는 실제로 식물을 구성하는 데 사용된 태양 에너지이다. 본질적으로 식물은 태양 에너지의 비축장치이다. 그들을 연소시키거나 먹어서 소화시키며 그 에너지를 방출할 때 CO_2도 방출된다. *1개의 이산화탄소 분자는 1개의 탄소 원자와 2개의 산소 원자가 결합된 것으로 이루어진다.* 식물이 방출하는 것이 왜 CO_2인가? 그것이 바로 우리 이야기에서 중요한 부분이다.

놀라운 사실이 하나 있다. 식물은 대부분 공기로 만들어져 있다. *한때 보잘것없는 도토리에 불과했던 참나무를 쳐다보면서 저 나무가 대관절 어디에서 왔을지 생각해 본 적이 있는가? 흙은 아니다!* 그들은 공기에서 이산화탄소를 빨아들인 뒤, 태양 에너지를 사용해 그 분자를 탄소 원자와 산소 원자로 분해한다. 그리고 물과 흙으로부터 빨아들인 약간의 물질과 탄소를 결합시키고 그 원자들을 레고처럼 재배열하여 줄기, 잎, 열매 등 그들의 몸으로 만들며 산소를 폐기물로 방출한다.

그러니까 결과적으로 식물은 태양의 에너지를 이용하여 공기 속의 탄소로 그들의 몸을 만든 뒤 산소를 내놓아 우리가 호흡할 수 있게 해준다. 우리로서는 얼마나 편리한 노릇인가! 그들은 태양 에너지가 비축된 소형 휴대용 패키지를 만들고 산소까지 곁들인다. 너무 훌륭하다! *그래서 나는 나무들을 포옹해 준다. 그리고 고맙다고 말한다. 비록 지구에 있는 대부분의 산소가 사실 식물 플랑크톤이라는 해양에 있는 단세포 식물에서 온 것이라도 말이다.*

지난 3억 년 동안 식물은 죽어 땅속에 파묻혔다. 땅속에 들어간 그들의 원자는 다시 재배열되어 *더 많은 레고 놀이가 벌어진다!* 화석 연료로 바뀐다. 석탄은 늪지의 식물이 재배열된 것이고, 석유는 바다의 플랑크톤이 재배열된 것이다. 석유와 석탄을 파내면 옛날에 태양으로부터 흡수했던 에너지가 여전히 들어 있다.

그 때문에 석유와 석탄은 '마법 같은' 연료이다. 우리는 단지 그것을 파내기만 하면 된다. 엄청난 양의 에너지가 매우 안정적이고 소형화된 형태로 저장되어 있기 때문에 우리는 에너지가 필요한 곳으로 안전하게 운반할 수 있다. 필요한 곳에 도착한 화석 연료를 산소와 결합시키면, 다시 말해 그들을 '연소시키면' 3억 년 전에 포획되었다가 땅속에 갇혀 있던 에너지가 방출된다. *다음에 기회가 되면 뜨거워진 자동차 뚜껑을 만져 보라! 그 뜨거운 열은 바로 고대의 햇빛이 손으로 흘러드는 셈이다. 전혀 뜻밖이다!*

그럼 화석 연료의 탄소를 연소시키면 무엇을 얻게 될까? 바로 CO_2이다! 이리하여 우리는 시작했던 곳으로 되돌아온 셈이다. 하지만 CO_2는 독성이 없으며 문제가 된 적이 없으므로, 우리는 CO_2를 공기 속에 내보내고, 그것은 떠돌다가 다시 식물의 먹이가 됨으로써 자동차 바퀴가 돌아가듯 빙글빙글 돌게 된다.

그런데 왜 야단인가?

탄소 이동 프로젝트 = 화석 연료 시대

이 자루를 보자.

여기에는 석탄 2킬로그램이 들어 있다. 이 석탄은 땅속에 수억 년 동안 저장되어 있던 거의 순수한 탄소이다. 그 석탄에는 탄소 원자들 사이에 화학적 결합으로 갇혀 있던 고대의 햇빛이 가득 차 있다. 이 석탄 자루는 무엇을 의미할까?

석탄 5파운드

이것은 바로 가솔린 4리터를 연소시킬 때 배출되는 탄소의 양이다. 만약 트럭을 타고 있다면 19킬로미터를 갈 것이며, 하이브리드 자동차를 탄다면 그보다 4배 정도 더 갈 것이다.

문제는 화석 연료의 고갈이 아니다. 상당히 빨리 그렇게 되겠지만, 그것은 다른 책의 이야기이다. 온난화 지지자들의 말에 따르면 문제는 우리가 화석 연료를 너무 많이 태워 우리가 CO_2를 내보내는 데 사용해 왔던 쓰레기통인 대기가 흘러넘치기 시작한다는 것이다. 그렇다고 대기가 더 이상 CO_2를 받아들이지 못할 지경까지는 아직 아니지만 대기의 움직임과 그에 따른 기후 패턴의 움직임이 이전과는 달라지기 시작했다는 뜻이다.

우리가 내보내는 CO_2가 원래 대기 중에 있던 것이라고 해도, 내 차의 배기통에서 내보내는 특정 탄소는 오랫동안 공중에 있지 않는다. 지하에 묻혀 있던 화석 연료의 CO_2들이 공중으로 배출되는 이 엄청난 탄소의 이동은 150년 전 산업혁명이 일어나기 전까지 거의 이루어지지 않았다. 그리고 이 탄소의 이동은 이제 대략 수십 년 안에—석유의 경우를 말한다. 석탄은 좀 더 오래 갈 것이다—마무리될 것이다.

그러니까 문제의 핵심은 지난 3억 년 동안 지하에 갇혀 있던 탄소를 우리가 약 200년에 걸쳐 대기 속으로 토해 내고 있다는 것이다. 지질학적인 시간에서 볼 때 200년은 눈 깜빡할 순간에 지나지 않는다.

'올바른' 기후란?

여러분은 아무리 그렇다고 해도 기온이 고작 몇 도 올라가는 것 아닌가 하고 생각할지도 모르겠다. 나도 간혹 추위를 느낀다. 그렇다면 온난화 지지자들의 소란은 무엇 때문일까?

글쎄, 작은 변화가 시작된 뒤 탄소는 우리 도움 전혀 없이 피드백의 마법을 증폭시키면서 커다란 변화를 가져올 수도 있다. 그리고 우리가 이것을 순식간에 폭발시킬지도 모른다. 그래도 여전히 그 결과가 좋은 것이거나, 적어도 파국은 아니라고 할 수도 있다. 조금 더 따뜻해지는 게 싫은지 추운 나라 사람에게 물어 보자. 대관절 '올바른' 기후가 무엇인지 누가 말할 수 있겠는가?

바로 지금 내가 말한다. 올바른 기후란…… 바로 현재의 기후이다.

왜 그럴까? 그것은 우리 문명의 바탕이 된 기후이기 때문이다. 현재 도시들은 해안선과 강을 따라 자리 잡고 있다. 우리의 농업도 현재의 경작 시기와 강우 패턴을 바탕으로 한다. 우리 사회는 현재의 질병 패턴에 적응되어 있다. 우리의 홍수 통제와 폭풍우의 수량과 폐기물 처리 시설도 현재의 강우 패턴에 맞추어 설계되었다.

인간이 정착해 살고 있는 곳 모두 현재의 기후에 맞추어져 있다. 기후 변화에 대한 우려는 그 기후가 달라지면 인간의 정착지를 바꾸어 놓을 수 있으며 인간 생활이 순조롭게 이루어지지 않으리라는 것이다.

전 지구적 기후의 불안정

온도가 약간 오른다고 해서 어떻게 그 모든 일이 일어날 수 있을까? 온난화 지지자들은 지하에서 공중으로의 탄소 이동이 아주 엄청나고 갑작스럽기 때문에 기후가 바뀌는 것뿐 아니라 기후를 불안정하게 만들 것이라고 우려한다. 복잡한 시스템이 엄청나고 갑작스럽게 변하면서 매끄럽고 질서정연하게 이루어지는 경우는 드물다. 그래서 시간이 지남에 따라 아마도 기후 변화라는 말 대신 기후 불안정, 기후 파괴, 기후 위기 등의 말을 더 많이 듣게 될 것이다. *시적 취향을 가진 사람을 위해 기후 혼란이나 전 지구적 변란과 같은 말도 있다.*

그것은 어떤 모습일까? 쓸데없는 걱정을 많이 하는 사람의 밤잠을 설치게 할 만한 몇 가지 그럴 듯한 시나리오를 소개한다. 이 가운데 몇 가지는 이미 관측되고 있다. 하지만 지구 온난화가 어느 하나의 사태를 '야기했다'고는 할 수 없다. 지구 온난화는 그 가능성에 변화를 줄 뿐이다. 그래서 나는 이들 현상을 기후 변화가 시작되었다는 증거가 아니라, 온난화 지지자들이 염려하는 상황의 미리보기로 제시한다. 그들은 불안정화된 기후에서는 이런 일이 다반사가 될 수 있다고 염려한다.

- 해수면 상승으로 해안가 땅이 잠기면서 사람들을 내륙으로 내쫓을 뿐 아니라, 잦은 폭풍우를 증대시킨다. 이는 허리케인으로 인한 재산 피해의 주된 원인이 된다. 해수면이 아주 높아지면, 대도시 지역의 정수 처리 시설을 파괴해 많은 질병을 유발한다.
- 해충 활동 범위가 커지면서 작물의 손실이 증대된다. 역사를 보면 생태계에 새로운 외래종이 들어오면 걷잡을 수 없이 퍼지는 사례가 수없이 많다. 칡, 뉴트리아, 찌르레기, 아프리카벌 등을 생각해 보라. 지역적 기후의 변화에 따라 해충이 이동하면 당연히 그와 똑같은 상황을 일으킬 것이다.

- 질병을 퍼뜨리는 곤충의 서식 범위가 확대됨으로써 말라리아 같은 질병이 증대된다.

- 강우 패턴이 변화한다. 집중 호우가 많아지면 홍수가 나고 이는 유기물이 많은 표토층의 상실로 이어진다. 온도가 높아진다는 것은 강설량이 적어짐을 뜻하며, 겨울에 얼었다 여름에 녹으면서 물을 공급하는 눈덩어리들이 줄어 가뭄이 잦아진다.

- 허리케인, 회오리바람, 진눈깨비 등 극단적인 기상 사태가 잦아지고 심해진다.

- 대양을 움직이는 컨베이어 벨트의 붕괴로 인해 유럽은 점점 더 추워질 것이다. 북유럽은 시베리아와 같은 위도이지만 열대 지방으로부터 따뜻한 물을 운반하는 대양의 흐름 때문에 온난한 것이다.

- 국지성 기후들이 북쪽으로 이동하면서 삼림이 불안해져 병충해에 민감해진다. 그 결과 삼림의 상당 부분이 죽어 버릴지도 모른다. *이 현상은 캐나다 서부에서 벌써 일어났다. 소나무종에서 전염병이 퍼져 영국 크기만 한 삼림이 죽어 버린 것이다.* 죽은 삼림은 '거대한 화약고'의 또 다른 이름이며, 번개에 맞아 엄청난 산불이 일어나는 것은 시간문제이다. 일단 불타 버리면 식물의 씨앗은 달라져 버린 기후대에 적응하지 못하고 결국 삼림이 되살아나지 못한다.

- 기후가 변화함에 따라 진균류, 기생충, 이로운 곤충 등의 관계도 급속히 변해 농업 및 식량 공급에 광범위한 영향을 끼친다. *2006년에 미국 꿀벌이 한 번에 폐사한 일이 폭발적으로 퍼지면서 일어난 사태는 우리의 농업이 벌의 수분에 얼마나 의존하는지(연간 150여 달러) 농업 체계가 얼마나 허약한지 보여 주었다.*

이들 사태는 허약한 체제나 국가에 압력을 가하고, 자원 전쟁, 국정 불능 사태, 테러의 증가, 환경 난민의 확대 등을 일으킬 가능성이 있다. 이를 통해 우리는 제6장에서 언급된 국가 안보 관계 정보원들이 왜 잠재적 기후 불안정이 국가 안보에 위협이 된다고 했는지 짐작할 수 있다. *국방부 보고서의 딱딱한 표현 뒤에 숨겨진 의미를 기억해 보라. "적절한 대비가*

이루어지지 않을 경우 저구 환경 속에서 인간이 살아갈 수 있는 능력이 상당히 감소될 것이다."

복잡한 시스템에서 피드백의 역할

그러므로 핵심은 온도 상승이 아니라 그것이 야기하는 사태이다. 우리가 총을 맞았을 때, 우리를 죽게 하는 것은 총알이 아니라 그로 인한 과다 출혈과 장기의 작동 불능인 것과 같다. 총알은 작은 금속 조각일 뿐이며, 우리는 평소에 많은 금속을 아무 탈 없이 사용하고 있다. 하지만 그 금속이 어디로 얼마나 빨리 파고드는지가 관건이다.

그렇기 때문에 온도 변화에 초점을 맞추는 것은 요점에서 벗어난다. 문제는 갑작스러운 온도 변화가 어떻게 기후 체계를 망가뜨리느냐이다. 그리고 앞으로 보게 되겠지만 온도 변화는 총알과 같이 과격한 것이 아니라 가볍게 가슴을 때리는 정도의 역할을 한다. 하지만 만약 기둥 꼭대기에서 균형을 잡고 있는데 가슴을 때린다면 사정이 다르다.

온난화 지지자들은 우리가 기후에 가하고 있는 가벼운 손짓이 최후의 날을 불러올지 모른다고 염려한다. 기후는 흔히 말하듯 복잡한 역학적 체계이기 때문이다. 그런 체계를 가리키는 카오스나 비선형 역학이나 하는 용어가 있으며, 그들을 다양하게 조합하거나 단축시킨 형태도 많다. 나는 가독성을 위해 간단히 복잡한 체계 또는 비선형 체계라 이야기하겠다. 그리고 나는 그런 시스템을 아주 많은 작은 시스템이 서로 밀접하게 연결되어 있는 것—자신들에게까지 연결되어 되돌아오는 것도 포함한다—으로 묘사함으로써 그 개념을 극도로 단순화하려 한다.

여러분은 아마 2008년 가을 '월가를 무너뜨린 주'를 기억할 것이다.

이런 사태가 그처럼 갑작스럽게 일어난 것은 주식 시장이 복잡한 체계이며, 자신들에게 되돌아오는 동안 예기치 않은 요동이 일어날 수 있음을 보여준다.

그런 것을 피드백 메커니즘이라 부른다. 마이크 앞에 스피커를 놓음으로써 일어나는 피드백과 같다. 마이크가 스피커로 출력을 피드백하기 때문에 작은 소리도 엄청난 굉음이 된다. 피드백 메커니즘은 사소한 폐해로 전체 시스템을 망칠 수 있다는 뜻이다.

주식 시장에서 피드백 메커니즘 가운데 하나는 주식의 가격이다. 어떤 주식의 가격이 떨어지면, 그 주식을 가진 사람들 가운데서 불안을 느낀 사람들이 주식을 팔게 되고, 그러면 그 주가는 더욱 떨어진다. 이러한 상황이 반복되면 걷잡을 수 없다.

하지만 가격의 하락이 항상 주가가 계속 떨어지는 사이클을 촉발하지는 않는다. 반작용 피드백 사이클이 있기 때문이다. 주가가 낮아지면 구매 욕구를 불러일으킬 수 있으며, 그러면 수요가 늘어나면서 떨어지는 주가에 상승 압력을 가한다. 이들 두 종류 피드백의 종합적인 결과는 '긍정적인' 피드백은 변화를 증폭시키고, '부정적인' 피드백은 변화를 위축시킨다. 그 두 가지 세력이 주어진 시간에 어떻게 상쇄되느냐에 따라 달라지며, 그리고 월 가를 무너뜨린 주에서 보았다시피 때때로 바닥이 갑자기 빠질 수도 있다.

2008년 금융 체계의 붕괴가 놀라웠던 것도 바로 그 때문이다. 우리는 주식 시장이 불안해질 수 있음을 알고 있었지만 제어할 수 있다고 생각했다. 하지만 주식 시장이라는 복잡한 체제는 놀랄 만큼 크고 급격한 요동을 감추고 있다. 그래서 경향은 예측할 수 있지만 사태는 예측하지 못하는 것이다. 불행하게도 우리는 시험관 속에 있었으며, 그 교훈의 비용은 매우 높았다.

그것이 바로 여러 사람들이 기후 변화에 대해 갖고 있는 생각의 한 조각이다. 지구의 기후는 금융 체계보다 훨씬 복잡하며, 이번 경우 우리가 실험을 하고 있는 시험관은 경제가 아니다. 바로 우리가 사는 지구이며 여기에 경제도 포함된다. 만약 우리가 기후 체계의 예상치 못한 행태에 대해 비슷한 교훈을 배우게 된다고 하더라도, 그 교훈은 우리에게 쓸모가 없을지 모른다. 하나뿐인 지구이므로 처음부터 다시 할 수 없기 때문이다.

욕조에 물을 받자

하지만 최후의 날에 관한 이야기의 세부적인 내용을 이해하려고 하다가, 여러분도 아마 나처럼 여러 가지 용어 때문에 혼란을 느꼈을지 모른다. 행동하는 것의 목표는 무엇이냐는 질문에 한 지식인이 어느 진술에서는 '350ppm', 다른 진술에서는 '1℃', 세 번째 진술에서는 '2050년까지 80퍼센트의 배출 삭감' 등으로 대답한다. 이것은 마치 한 문장 속에서 미터법과 야드파운드법을 왔다 갔다 하는 것과 같다. 똑똑한 사람들에게는 상관없겠지만, 우리 같은 사람들에게는 머리가 아플 뿐이며, 그래서 채널을 돌릴 리모컨을 찾게 된다.

기후의 특별한 피드백 메커니즘에서 상대적으로 작은 온도 상승이 어떻게 전면적인 기후 불안정으로 옮기는지를 이해하려면, 기후가 어떻게 이루어지는지를 조금 자세히 살펴볼 필요가 있다. 우리의 여행은 욕조에서 시작된다.

지구의 대기를 욕조, 이산화탄소를 물이라 상상한다.(나는 이 비유를 MIT

의 존 스터먼 교수에게서 얻었다. 그는 친절하게도 내가 그것을 사용하는 것을 허락해 주었다. 여러분은 욕조를 바탕으로 한 그의 온라인 '시뮬레이터'를 확인해 보아야 한다. 탄소 배출량을 조절하면서 그것이 탄소에 어떻게 영향을 미치는지 살펴볼 수 있다. 그 사이트에 갔다면 맥주 게임도 해 보라. 재미있다. http://scripts.mit.edu/!jsterman/Management_Flight_Simulators_(MFS).html.) 물론 이것은 엄청 단순화된 것이지만 욕조의 그렇까지 그렸다!, 그러나 핵심적인 내용을 파악하는 데 훌륭한 출발점이 된다.

욕조를 지구로 생각한다면

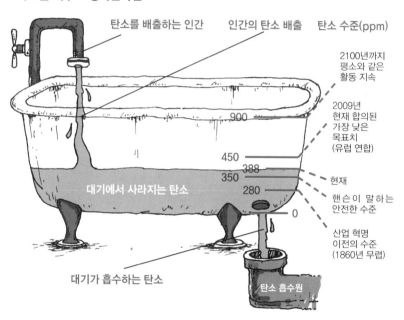

* 탄소 수준은 척도에 맞추었으나 욕조는 그렇지 않다. 실제의 대기는 이보다 훨씬 더 크다.

수도꼭지를 돌려 물을 튼다. 이 물을 배출시키는 배수구는 욕조 바닥에 있다. 배수구에서 물이 빠져 나가는 속도보다 수도꼭지에서 나오는 물의 속도가 더 빠르면 시간이 지남에 따라 수위가 올라간다. 배수구에서 빠져 나가는 물의 속도보다 수도꼭지에서 나오는 물의 속도가 느리면 수위는 내려간다. 만약 그 둘이 똑같다면 수위는 변함이 없다.

수도꼭지의 손잡이가 물이 쏟아지는 빠르기를 결정하며, 우리는 그것을 조절할 수 있다. 만약 들어오는 물과 나가는 물이 모두 일정하면 수위도 일정하다. 하지만 우리가 천천히 손잡이를 돌려서 물을 더 많이 나오게 하면 비록 속도는 느리더라도 욕조에 흘러드는 물은 시간이 지남에 따라 점점 더 많아지므로 결국 수위는 올라간다.

만약 그와 동시에 배수구가 차츰 막히면서 빠져 나가는 물의 속도가 느려진다면, 수위 상승은 한층 더 가속된다. 만약 우리가 빠른 결과를 보고자 한다면, 손잡이를 점점 더 빠른 속도로 열면 된다. 이것이 바로 현재의 상황을 단축해 놓은 것이다.

수위가 더 이상 올라가지 못하게 하려면, 물이 빠져나가는 속도와 일치할 때까지 손잡이를 반대로 돌려 잠가야 한다. 만약 서둘러 수위를 안정시키려면, 배수구를 넓혀 물이 빠져나가는 속도를 높일 수도 있다.

이제 명쾌해진 느낌이 드는가? 그렇다면 다시 전문 용어를 가지고 욕조 모델을 기후 변화에 적용시켜 보자.

- 탄소 배출 증가의 제한(또는 완화) — 손잡이가 점점 더 열리고 있지만 그 속도는 이전처럼 빠르지 않다.
- 배출 증가의 감축 — 손잡이가 여전히 열리고 있지만 그 속도는 일정하지 않다.
- 배출 증가의 중단 — 손잡이가 열리는 것이 중단된다(물은 여전히 흘러나오지만 이제 그 속도가 일정하다).
- 배출의 감축 — 손잡이를 반대로 돌리고 있기 때문에 물이 천천히 흘러나온다.

- 배출의 중단 — 손잡이를 완전히 닫아 물이 흘러나오지 않게 한다.
- 대기 중 탄소 농도의 감축 — 배출구가 수도꼭지보다 더 빨리 움직여 욕조의 수위가 낮아진다.
- 탄소의 감축 — 배출구가 넓혀지고 있어 욕조에서 물이 더 빨리 빠져나간다.
- 배출의 감축과 배출 증가의 감축이 같은 말처럼 들리지만 그들 개념에는 분명한 차이가 있다.

탄소 수준

물은 대기 중의 이산화탄소이며, 욕조의 수위는 탄소의 수준 또는 대기의 탄소 농도(공기 속에 탄소가 얼마나 들어 있느냐는 뜻)를 나타낸다. 탄소의 수준이 높아진다는 것은 지구의 평균 기온이 높아진다는 뜻으로, 바로 이 논쟁의 요체이다. 약 150년 전 산업 혁명이 시작될 때 탄소의 수준은 대략 280ppm이었다. 이것은 '공기의 0.028퍼센트가 이산화탄소'라는 말을 단지 허울 좋게 표현한 것이다. 지금은 대략 338ppm으로, 우리의 경제 모델과 인구의 수치가 기하급수적으로 증가하면서 해마다 약 2ppm씩 상승할 뿐 아니라 가속화(해마다 1ppm씩 증가)되고 있다.

탄소 흡수원

배수구는 대기로부터 탄소를 '흡수'하는 것—바닷물에 녹거나 식물 플랑크톤과 나무에 사용되는 CO_2 등—을 나타내며, 이들을 탄소 흡수원이라 한다. 그 과정은 탄소의 격리라고 한다. 탄소 격리는 자연적인 과정이지만, 우리가 적극적으로 탄소를 격리하도록 할 수도 있다. 가장 간단한 방법은 나무를 많이 심는 것이다. 그러나 논쟁이 진행되면서 여러분도 차츰 압축된 CO_2를 지하에 주입하거나 식물 플랑크톤을 증식

시키는 등 과감하고 첨단 과학을 이용하는 방법에 대해 듣게 될 것이다.

탄소 배출

수도꼭지는 이산화탄소를 대기 속에 부가하는 인간의 활동, 주로 화석 연료의 연소를 나타내며, 우리는 그 손잡이를 조절한다. 수도꼭지에서 흘러나오는 물은 연간 탄소 배출을 뜻하며 해마다 우리가 얼마나 많은 탄소를 땅에서 공중으로 옮기는지를 나타낸다. 그것은 연간 기가톤의 탄소(GtC/yr)로 표시된다.

내가 1990년대 초 이것을 추적하기 시작했을 때 탄소 배출은 약 $6GtC/yr$였다. 2009년에는 약 $10GtC/yr$였다. 전 지구적인 경제와 인구의 기하급수적인 증가가 손잡이를 점점 더 빨리 돌리면서 열고 있다. "탄소 배출이 해마다 3퍼센트 증가하고 있다"는 등의 진술도 같은 뜻이다. 대기로의 유입이 증가하고 있다는 말이다. *1990년대에는 탄소 배출이 해마다 1퍼센트씩 증가하고 있었다. 그러므로 '증가 자체가 증가하고 있는' 셈이다. 이런. 여기서 나는 차츰 어지러워지기 시작한다.* 앞서 언급한 것처럼 이것이 현재의 상황이다.

자연적인 과정에도 많은 유입과 유출이 있지만 균형을 유지하므로, 여기에는 포함시키지 않는다. 예컨대 "대양은 인간보다 10배나 많은 CO_2를 배출한다"는 말을 듣게 될 것이다. 그러나 그들은 또한 같은 양을 흡수하므로 탄소의 수준에는 영향을 미치지 않는다.

이제 나는 혼란의 원천을 지적하겠다. 불행하게도 욕조에 있는 물의 양(대기 속의 탄소 농도)과 유입되는 물의 양(탄소 배출)은 보통 서로 다른 단위, 전자는 ppm, 후자는 GtC로 제시된다. 그래서 현재의 탄소 수준을 알기 위해 지난해의 배출량을 지난해의 탄소 수준에 간단히 더할 수가 없다. *가능하기는 하지만 엄청난 수석으로 골치 아프기 짝이 없다. 놀랐겠지만 사정이 그렇다.*

탄소의 조절

현재의 상황(화석 연료 사용, 꾸준한 경제 성장, 전형적인 인구 증가)이 지속될 경우 2100년 탄소의 수준은 대략 900ppm이 된다. 욕조에 표시되어 있는 것을 보면 쉽게 이해되지 않는다. 280ppm에서 현재의 388ppm에 이르는 데 150년이 걸렸는데, 앞으로 90년 만에 900ppm이 될 수 있을까?

내가 주목했다시피 평소와 마찬가지로 활동한다는 것은 수도꼭지가 계속 열려 있을 뿐 아니라 점점 더 빨리 열리고 있음을 뜻한다. 여기에 점점 더 작아지는 배수구(삼림의 상실, 대양의 용해성 감소, 식물 플랑크톤을 위한 양분의 분출 감소 등)를 결합시키면, 욕조의 수위가 앞으로 수십 년 동안 숨 가쁜 속도로 상승하리라는 예상이 더 이상 비합리적으로 생각되지 않는다.

그리고 마지막으로 대기의 탄소 수준이 500ppm 이상이었던 때가 약 3000만 년 전이라는 점을 지적하면, 여러분도 온난화 지지자들의 주장을 어느 정도 수긍할지 모르겠다.

그러면 여러분이 온난화 지지자이고 욕조의 수위가 너무 높아지는 것을 불안해한다고 치자. 여러분이 할 수 있는 일은 무엇일까? 욕조에서 나갈 수는 없다. 그 욕조는 하나뿐이고 그 속에 있어야 한다. 그래서 손잡이를 돌려 빨라지는 속도를 멈추려다가 그대로 두고 꾸준한 속도를 유지시키기만 한다(여러 사람에 의해 운용되기 때문에 그 일이 쉽지 않다). 그런 뒤 흐름을 빠르게 하기 위해 배수구를 청소한다. 이어 아직도 물이 많이 쏟아지고 있는(그러나 다행히 더 이상 속도가 빨라지지는 않는다) 손잡이를 조금씩 잠근다.

그래서 속도를 늦추는 데 성공하고, 아주 큰 노력을 기울여 아예 손잡이가 돌아가는 것을 멈출 뿐 아니라, 욕조로 들어오는 물의 양이 흘러나가는 물의 양과 같게 만든다. 그러자 수위가 안정되거나, (그래도 수백만 년 사이에 가장 높은 수준이지만) 유지된다. 전문적인 내용을 욕조 이야기로 바꿀 경우 탄소 배출의 증가를 가리키는거, 탄소 배출 그 자체를 가리키는거, 아니면 대기 중의 탄소 농도를 가리키는거 용어에 세심한 주의를 기울여야 한다.

그래서 여러분이 마침내 안심할 수 있을까?

온난화 지지자들은 아니라고 한다. 공황 상태에 몰아넣을 새로운 것을 발견했기 때문이다. 맙소사, 이들은 너무 긴장하고 있다. 대관절 언제 행복해질까? 그리고 그게 무엇인지 이해하려면 계속 읽어야 한다.

우리에게 친근한 기후

우리는 이미 기후가 복잡한 시스템이며, 그런 시스템의 긍정적인 피드백 사이클은 예기치 못한 엄청난 변화를 일으킬 수 있음을 보았다. 온난화 지지자들 가운데 거의 발작적인 공포를 느끼는 사람을 이해하려면, 지구 기후의 몇 가지 특수한 피드백 메커니즘을 알아 두면 도움이 된다. 이들 모두는 공기 중에 늘어난 CO_2에 의해 일어나며, CO_2 스스로도 증폭해 가면서 결국 더 많은 CO_2를 대기 중에 내놓는다.

세계에서 가장 작은 식물

바다의 해수면 가까이에서는 식물성 플랑크톤이 육지의 식물과 마찬가지로 대기로부터 많은 CO_2를 흡입해 그들의 몸을 유지한다. 만약 해수면이 상당히 따뜻해지면, 깊은 쪽에 있는 플랑크톤을 위로 끌어올리지 못해 식물성 플랑크톤이 줄어든다. 식물성 플랑크톤이 줄어든다는 것은 공기 중 CO_2가 제거되는 양이 줄어든다는 뜻이며, 따라서 피드백 사이클에서 빠지게 된다.

나무를 포옹하라

삼림도 식물 플랑크톤과 똑같은 피드백 메커니즘을 일으킬 수 있다. 이미 살펴보았던 것처럼 기후의 변동 때문에 식물이 자라지 못하는 삼림이 되면 갑자기 엄청난 산불이 발생할 수 있다. 삼림뿐 아니라 커다란 탄소 흡수원마저 잃어버리게 된다.

엎친 데 덮친 격으로, 산불이 나면 나무가 탈 때 나무의 몸을 이루고 있던 탄소까지 대기 속으로 방출된다. 삼림은 더이상 공기 중의 탄소를 가져가지 않을 뿐더러 탄소를 배출하기까지 하는 것이다. 바로 이점 때문에 탄소 배출을 염려하는 사람들은 열대 우림 땅을 개간하고 소각하는 것에 이중으로 격분한다.

알베도 효과

반짝이는 흰색 대륙 빙하는 햇빛을 반사한다(알베도는 햇빛을 우주로 얼마나 반사하는지를 가리키는 말이다). 온도가 올라가면 얼음이 녹아 햇빛이 적게 반사되고, 어두운 암석이나 그 아래의 물에 열이 더 많이 흡수된다. 이렇게 되면 온도가 올라가고 그 과정은 가속화하면서 되풀이된다.

메탄의 총

메탄은 CO_2보다 훨씬 강력한 온실 가스이다. 그리고 엄청난 양의 메탄이 물과 함께 얼어붙은 형태로 대양 바닥에 가두어져 있다(그것을 메탄 포접 화합물이라 부르기도 한다). 그런데 수온이 올라가면 메탄 수화물이 녹아 공기 중으로 나와 문제를 일으킨다.

과거에 이 피드백 과정이 갑자기 일어났을 것이라는 상당한 증거가 있다. 이것이 바로 메탄의 총이라고 하는 사태이다. 어쩌면 이것은 먼 옛날에 있었던 종의 대량 멸종 사태들 중 하나에 결정적인 역할을 했을지도 모른다.

대양의 컨베이어 벨트

대기의 탄소는 바닷물에 녹은 CO_2나 플랑크톤 몸의 일부로 대양 가까이 있는 바닷물인 표층수에 자리 잡는다. 대양의 컨베이어 벨트는 표층수를 북대서양의 해저까지 운반해 탄소를 효과적으로 흡수한다.

그런데 기온이 올라가면 더 많은 얼음이 녹아 북대서양으로 향하는 차가운 담수의 흐름이 증가하며, 차가운 담수는 가라앉지 않기 때문에 컨베이어 벨트의 속도를 늦춘다. 대양의 컨베이어 벨트 속도가 느려지면 탄소를 흡수하는 양이 줄어들어 우리가 배출한 탄소가 대기 속에 더욱 쌓이고 온도를 높인다. 그리고 이 과정이 되풀이된다. 우리가 그린란드에 대해 듣게 되는 것도 바로 그 때문이다. 그린란드에서 녹은 얼음이 해수면을 상승시킬 뿐 아니라, 대양의 컨베이어 벨트를 심각하게 훼손시키기에 완벽한 위치에 자리 잡고 있기 때문이다. 만약 이 컨베이어 벨트가 완전히 멈춘다면 우리는 여러 가지 중요한 사태에 직면하게 된다. 1만 4000년 전, 컨베이어 벨트가 갑자기 멈추는 바람에 유럽이 '어린

드리아스기(the Younger Dryas)'라는 소규모의 빙하 시대가 되었을 가능성이 있다.

대륙 빙하의 불안정

빙하는 문자 그대로 천천히 움직이는 얼음 강으로, 바다까지 흘러든다. 빙하가 빨리 흐를수록 얼음이 녹은 물을 빨리 쏟아 부음으로써 앞에서 이야기했던 두 가지 피드백 사이클—알베도 효과와 그린란드의 경우 대양의 컨베이어 벨트—에 영향을 미친다. 기온이 점점 높아지면 빙하가 더욱 빨리 흘러 앞서 말한 것과 같은 피드백 사이클을 만들어 낸다. 그리고 빙하가 녹는 현상이 지속적으로 과학자들을 놀라게 하고 있다.

2002년 그들은 2주 만에 빙하가 사라진 것을 관찰했다. 그것은 약 1만 2000년 전에 형성된 라르센 B 대륙 빙하였다. 이처럼 돌연한 변화를 수반하면서 기후 변화로 인한 이상 현상이 우리가 생각했던 것보다 훨씬 빨리 일어날 수 있다는 증거가 꾸준히 발견됐다. 당시 빙하학계에서는 깜짝 놀라 어쩔 줄 몰랐다. 대륙 빙하의 불안정이 기후 모델에서 배제되어 있기 때문이다. 우리는 대륙 빙하가 생각보다 훨씬 빠르게 녹는다는 점을 제외하고 그것의 작용에 대해서는 아는 것이 거의 없다.

맙소사, 이미 충분하다!

기온이 올라가면 얼어붙은 토탄층과 다른 영구 동토들까지 녹아 죽은 식물이 얼기 전에 썩고 있던 상태와 똑같이 만든다. 썩어 가는 토탄층은 CO_2와 메탄을 배출해 피드백 사이클을 움직인다.

지구의 다른 곳보다 극지가 빨리 따뜻해지기 때문에 얼음과 관계된 피드백 사이클(메탄의 층, 대륙 빙하의 불안정, 알베도 효과, 대양의 컨베이어 벨트, 영구 동토)은 온난화에 매우 민감하다.

녹는 CO_2와 마스크 효과

컵에 수돗물을 담아 밤새도록 놓아두고 아침에 보면 가장자리에 거품이 있다. 그것은 물이 따뜻해지면서 녹을 수 있는 기체의 양이 적어지기 때문이다. 대양이 거대한 탄소 흡수원인 것은 공기 속의 CO_2가 그 속에서 녹기 때문이다. 그런데 대양이 따뜻해지면 기체가 적게 녹고 공기 속에 CO_2가 많아지며 그 피드백이 계속된다.

여기에 피드백 사이클만으로 온난화 지지자들을 초조하게 만들기에는 충분하지 않은지 '마스크' 효과라는 개념도 있다. 그것은 온난화를 훨씬 작게 유지하는 것을 말한다. 이것은 우리에게 약간의 여유를 주기 때문에 단기적으로는 좋은 것이라 할 수 있다.

문제는 마스크가 닳거나 작용이 멈춘다면, 지구 온난화 효과가 예상보다 더욱 빨리 가속되리라는 점이다. 마스크 효과는 용수철과 비슷하다. 지금은 어느 정도 충격을 흡수하지만, 만약 과도한 압력이 가해지면 어느 순간 엄청난 반발을 일으킬 것이다. 과학자들은 기후 시스템에는 몇 가지 마스크 작용이 있으리라 의심하고 있다.

전 지구적 흐림

산업 활동을 하면 에어로졸이 나온다. 그것은 태양 에너지를 반사하는 공기 속의 자그마한 입자이다. 지구 온난화 측면에서 볼 때는 태양 광선의 일부를 가로막아 우리를 서늘하게 해 주기 때문에 좋을 수 있다. 그러나 천식을 일으키거나 산성비의 원인이 되기도 한다. 말하자면 대기 속에 있는 차양인 셈이다. 아이러니한 것은 우리가 대기 오염을 최소화하면 그 마스크 작용이 감소해 온난화를 증가시킨다는 점이다.

탄소 흡수원

또 다른 마스크 효과는 대양이나 삼림과 같은 탄소 흡수원이다. 우리가 해마다 배출하는 탄소 10기가톤 가운데 5기가톤이 대기에 머무르면서 온실 효과를 일으킨다. 2기가톤은 대양 속에 들어가거나 동물들의 몸속에 들어간다. 그러므로 대양은 하수구 역할을 함으로써 그 2기가톤으로 야기될 온난화를 막아 준다.

분명 대양은 탄소를 흡수하는 능력에 한계가 있지만, 우리는 그 한계가 어느 정도인지 알지 못한다. 어쩌면 대양은 어느 날 갑자기 물을 잔뜩 머금은 스펀지처럼 더이상 탄소를 흡수하지 않을지도 모른다. 만약 그렇게 된다면, 우리가 탄소를 배출하지 않더라도 공기 속에 5 내지 7기가톤의 탄소가 존재하는 셈이므로 여간 문제가 아니다. 그러므로 우리는 생각했던 것보다 훨씬 더 빨리 탄소 배출량을 줄여야 한다는 사실을 알게 될 것이다.

그럼 나머지 3기가톤은 어디로 갔을까? 그것은 미스터리이다. 무엇인가가—어쩌면 삼림 등—그것을 처리하겠지만, 우리는 그것이 얼마나 원상회복 능력을 가지고 있는지, 또는 언제 갑자기 탄소 흡수를 중단해 버릴지 전혀 모른다.

만약 정말로 온난화 지지자들을 움직이게 하려면 기후 모델의 예측보다 더욱 빨리 탄소 흡수원이 채워지고 있다는 최근 연구 결과를 지적하라. 그리고 그 흡수원들의 꿈틀거림을 지켜보라!

이제 나타난다! 결정적인 순간

피드백 사이클이 이렇게 거듭 되풀이되는데도 어떻게 지금까지 기후는 항상 안정적이었을까? 더욱 높은 온도의 구름 증대, 암석의 풍화, 그리고 더워지면 더워질수록 점점 더 빨리 열을 내놓는 부정적인 피드백도 역시 작용하고 있다. 복잡한 시스템에서 부정적인 피드백 작용과 긍정적인 피드백 사이의 균형은 미묘해, 꼭짓점이라는 시스템의 또 다른 특징으로 이어질 수 있다.

이들은 우리가 손 대지 않더라도 그 자체의 힘으로 점점 더 빨리 변화한다. 마치 조명 스위치를 천천히 미는 것과 비슷하다. 조금씩 밀면 스위치도 조금씩 움직이다가 갑자기 전등이 켜지면서 우리의 손가락은 허공에 남는다. 또는 마이크가 그 자체의 스피커로 접근해 가는 마지막 1센티미터와 비슷하다. 아무 소리도, 아무 소리도 없다가 와아아아앙!

꼭짓점은 감추어지고 갑작스러우며 거대하고 인간의 시간 측면에서 되돌릴 수 없기 때문에 두렵다. 금성은 지구와 같이 시작되었다가 온실 효과 때문에 돌아올 수 없는 꼭짓점을 지남으로써 현재는 산성 비, 단단한 금속으로 만들어진 눈, 납을 녹일 정도로 뜨거운 곳처럼 되었으리라 생각된다. 재미있는 곳이다. 때때로 꼭짓점을 가리켜 되돌아갈 수 없는 점이라 부르기도 한다.

하지만 눈치 빠른 독자라면 대관절 그런 꼭짓점이 얼마나 위험할까를 생각할지 모른다. 앞서 말한 기후 피드백 메커니즘은 지금까지 계속 작용해 왔고, 인류는 그것에 훌륭히 적응해 왔다. 기후 연구에 관심을 갖는 것도 그 때문이다. 우리는 그것이 복잡한 시스템이며, 복잡한 시스템에는 꼭짓점이 숨겨질 수 있음을 알고 있다. 그렇다면 중요한 질문은 기후에도 결정적인 순간이 있느냐, 그리고 결정적인 순간이 있다면 어디에 있는지 알아야 우리가 그것을 피할 수 있지 않겠느냐 하는 것이다.

유감스럽게도 그 질문에 답을 하는 데 필요한 두 가지 정보가 누락돼 있었다.

빠진 정보 1: 기후 모델에서의 피드백

여러분은 컴퓨터 기후 모델에 대해 알고 있는가? IPCC 보고서는 대체로 그것을 바탕으로 하며, 또한 그것은 회의론자들의 손쉬운 공격 대상이 되기도 한다. 그들의 주장은 우리가 만약 프로그래밍 실력이 모자라거나 또는 거기에 입력하는 데이터에 결함이 있으면 그 결과에도 결함이 있으리라는 것이다. 그러므로 추측에 지나지 않는 것을 두고 왜 흥분하느냐고 반문한다. 분명히 프로그래밍이 조금 틀리면 그 결과도 조금 틀릴 것이다.

하지만 복잡한 시스템의 경우 과정이 조금 틀렸더라도 결과는 아주 많이 틀려 버린다. 비탈의 산꼭대기에서 스키를 타고 내려올 때 15센티미터 정도 비껴 가는 것이 눈사태를 피하느냐 아니면 눈 속에 파묻히느냐의 차이를 만든다. 그것은 우리가 그 결정적인 순간을 지나느냐 마느냐에 달려 있다.

바로 여기에 알아차리는 사람이 거의 없는 함정이 있으며 *불과 두 달 전의 나까지 포함된다.* 그것은 더욱 겁이 많은 온난화 지지자 가운데 당황해 어쩔 줄 모르는 사람이 생기는 이유까지 설명해 준다. 즉 현재의 기후 모델 대부분이 이 장에서 언급된 피드백 몇 가지를 배제하고 있다. 그것은 바로 우리 앞에 결정적인 순간이 있을지도 모른다는 뜻이며, 우리는 그것을 알지 못한다. 물론 기후 모델들이 없는 것보다야 낫다. 하지만 현재 문제가 되는 결정적인 순간을 파악할 정도로 충분히 훌륭하지는 않다.

그러므로 향후의 기후가 어떻게 될 것이냐는 질문에 더 나은 대답을 하기 위해 여러 기후 학자들은 과거를 살펴 왔다. 빙하의 심부나 대양의 침전물, 화석으로 발견된 나뭇잎의 기공 농담이 아니다. 이들은 정말 괴짜들이다. 등을 조사함으로써 지난 300만 년 동안 기후가 어땠는지를 재구성했다. 그리고 그들이 밝혀낸 그림은 그들에게 위안이 되지 못했다.

빠진 정보 2: 과거의 갑작스러운 기후 변화

이것은 현재 아무도 이야기하고 있지 않지만, 판돈을 올리고, 시간을 줄이며, 엄청날 정도이다. 쉽게 무시할 수 있는 컴퓨터 모델을 바탕으로 하는 것이 아니라 과거에 실제 기후에 대한 지식을 바탕으로 하기 때문에 전체의 판도를 바꿀지도 모르는 커다란 비밀이다.

미국의 국립 연구 평의회가 2002년 내놓은 보고서 〈급격한 기후 변화〉에서는 '과거 기후 연구'가 "지난 10년에 걸친 연구에 의해 확립된 '새로운 패러다임'이지만, 자연과학자·사회과학자·정책 입안자 사이에 거의 알려져 있지 않고 제대로 평가받지 못하고 있다"고 주장했다.

그들이 이야기하고 있는 것은 기후가 변화하는 데 얼마나 걸리느냐에 대한 우리의 이해이다. 모든 패러다임이 바뀔 때와 마찬가지로 '과거 기후 연구'라는 패러다임을 받아들이려면 큰 충격을 받을 것이다. 하지만 끊임없이 새로운 사실이 밝혀짐으로써 데이터 중시자들도 마침내 고개를 숙였다.

지구 상에서 일어나는 과정들은 오랜 시간이 걸린다. '지질학적 속도나 빙하 작용처럼 더디다'는 어구가 생긴 것도 그 때문이다. 20세기 초만 하더라도 우리는 빙하 시대가 대략 5만 년 이상에 걸쳐 느린 속도로 왔다 갔다 한다고 생각했다. 데이터의 수집과 분석 실력이 나아지면서 숫자의 오차가 줄어들었다. 우리가 1만 년 이내의 단위로 연대를 분석할 수 있게 되고 1만 년이라는 기간의 처음과 끝 사이에 온도차가 11℃임을 알게 되자, "기후가 1만 년에 걸쳐 11℃ 정도까지 점차 온난해졌다"고 생각하게 된 것은 자연스러운 일이었다.

하지만 놀라운 일이 일어났다. 연구 방법이 개선되면서 1000년 단위로 연대를 분석할 수 있게 되자, 11℃의 변화가 1만 년이라는 기간에 걸쳐 꾸준히 이루어진 것이 아니라는 사실이 밝혀졌다. 그리고 그것이 어느 1000년 이내에 모두 일어났음을 발견했다. *하! 그것은 놀라운 일이었다.*

처음에는 받아들이기 힘들었지만 과학자들은 데이터의 노예이므로 그 견해가 고정되었고, 우리의 이해도 바뀌었다.

연구 방법이 더욱 발전하고 연대를 100년 이내로 분석할 수 있게 되자, 정말로 우리의 마음을 뒤흔드는 일이 일어났다. 우리가 원래 1만 년이 걸린다고 생각했던 11℃의 변화가 사실 그 중간에 있는 어느 1000년이라는 아주 짧은 기간에 일어났음을 발견했다는 사실을 기억하는가? 여러분도 짐작했을 것이다. 그것이 실은 그 연대의 중간에 있는 어느 100년 동안 일어난 일이었다!

연구자들은 꾸준히 방법을 개선해 왔으며, 이제는 1만 4000년 전 그린란드에서 어느 한 해에 기온이 2.5도까지 올라갔고 대기의 순환이 불과 1~3년 사이에 재구성되면서 50년 만에 무려 11℃나 따뜻해졌다는 훌륭한 증거를 갖고 있다.

새로운 패러다임

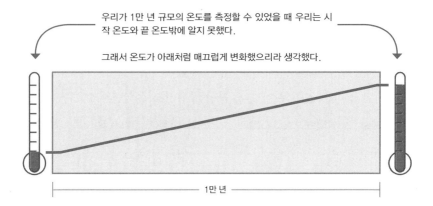

우리가 1만 년 규모의 온도를 측정할 수 있었을 때 우리는 시작 온도와 끝 온도밖에 알지 못했다.

그래서 온도가 아래처럼 매끄럽게 변화했으리라 생각했다.

1만 년

우리는 점점 더 작은 규모의 연대 온도를 측정할 수 있게 되었으며, 그 온도 변화가 실은 그들 작은 규모의 연대 가운데 어느 하나에서 일어났음이 알려졌다.

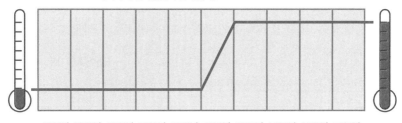

1000년 1000년 1000년 1000년 1000년 1000년 1000년 1000년 1000년 1000년

그리고 최근의 연구에서는 안데스 산맥에서 빙하가 녹으면서 그동안 완벽하게 보존되어 있던 식물들이 발견되었다. 빙하학자 로니 톰슨은 이렇게 말했다. "이것은 몸통이 부드러운 식물이다. 당시 엄청난 폭설과 너무나도 갑작스러운 기후 변화에 의해 갇혔을 것이다. 그 속도가 식물을 가두면서도 죽이지는 않을 정도로 빨랐다는 사실이 놀랍다."

이것은 국립 연구 평의회가 묘사한, 그리고 우리들은 거의 모르는 새로운 패러다임이다. 즉 우리 기후는 거대하고 갑작스러운 변화를 일으킬 수 있는 일촉즉발의 기후이다.

이제 우리는 기후 시스템의 각 부분들이 그 자체의 결정적인 순간(그린란드의 대륙 빙하가 완전히 녹는 것이 불가피해지는 시점 같은 것)을 지니고 있을지 모르며, 그 몇 가지 개별적인 시스템이 꼭짓점에 이르면서 다른 시스템들까지 촉발시켜 무슨 일이 일어날지 모른다는 사실을 알고 있다. 이것이 급작스러운 기후 변화의 개념이며, 표준처럼 보인다.

화석 연료가 지구를 밀어낸다

이 장에서 이야기되었던 정보를 모두 합치면 우리 행성의 기후에 대한 새로운 전모가 드러난다. 지난 300만 년 동안 지구는 상대적으로 안정된 상태─빙하기와 현재의 간빙기─를 보냈다. 여러 가지 비탈 가운데 하나에 자리 잡고 불안하게 흔들리면서 대부분의 세월을 보낸 것이다. 그 동요 상태에서 궤도의 변화나 태양의 활동으로 인한 태양열 복사의 변화 같은 자그마한 충격이 적당한 때에 일어나면 이를 발판 삼아 기후는 골을 넘어 다른 비탈로 건너갔다.

과거에는 기후가 갑자기 다른 상태로 바뀌는 일이 아주 작은 충격으로도 충분했다. 시대에 따라 획획 하고 왔다 갔다 했다. 그것이 지구의 역사이다. 우리 인류의 역사는 이들이 획획 바뀌는 것에 포함되지 않는다. 문명은 고작해야 현재의 간빙기가 시작될 즈음인 약 1만 년 전에 등장했을 뿐이다. 그리고 그 후 지구의 온도는 약간 변동이 있었지만 상대적으로 안정을 유지해 왔다.

따분한 사람들을 들뜨게 만든 것은 바로 기후가 어떻게 변하느냐는 이 새로운 패러다임에 현재의 탄소 이동 프로젝트를 적용할 때이다. 과학은 다음과 같은 사실을 확신한다.

- CO_2는 온실 가스이며,
- 온실 가스는 기후 변화를 재촉하고,
- 서둘러 찾아온 기후 변화는 결정적인 순간을 앞당길 수 있으며,
- 우리의 기후에도 결정적인 순간이 있다.

이들을 종합하면 과학계에서 몇몇 사람이 왜 입에 거품을 무는지 이해할 수 있다. 기후 연구자 월리 브로커는 다음과 같이 요약한다. "기후는 성난 짐승이며, 우리는 성난 짐승을 막대로 찌르고 있다." 그것은 즐거운 비유가 아니다. 나로서는 대지의 여신이나 자연의 균형 같은 자비로운 느낌이 더 좋다. 비록 컴퓨터 모델이 아직 결정적인 순간이 언제인지 명확한 답을 주지는 못하지만, 우리는 공기 속의 탄소 수준이 수백만 년 동안 이처럼 높은 적이 없었음을 알고 있다. 이것은 새로운 영역이며, 기후 모델의 불확실성이 온난화 지지자들에게 위안이 되지 못하는 것도 바로 이 때문이다.

온난화 지지자들은 화석 연료 사용이 우리를 안정된 작은 비탈에서 점점 밀어내 바로 옆 언덕의 비탈로 밀어 올리고 있다고 우려한다. 그 언덕의 꼭대기가 바로 결정적인 순간 되돌아올 수 없는 점일지도 모른다. 그것을 넘어서면 서로 보강되는 피드백 메커니즘이 작용하지 않고, 더 이상 지지할 언덕이 없을지도 모른다. 현재 우리는 그 언덕 위로 0.7℃ 올라갔지만, 대양의 열 흡수원을 감안한다면 이미 우리에게 할당된 온도에서 추가로 0.6℃가 더 오른 것인지도 모른다. 정확한 숫자는 아직도 논의가 분분하지만, 근본적인 상황은 그렇지 않다. 우리는 확실히 온난화

를 경험하고 있으며, 기후 시스템에서 상승한 온도의 결과가 나타나기까지는 시간이 걸리고(우리가 오늘 당장 모든 탄소 배출을 중지한다 하더라도 미래의 온난화는 이미 어느 정도 일으킨 셈이다), 정확히 알 수는 없거나 경정적인 순간에 좀 더 가까이 갔는지도 모른다.

그러므로 중요한 질문은 그 언덕의 높이가 정확히 얼마냐이다. 더욱 구체적으로 말하면, 우리를 그 꼭대기의 안쪽에 머물게 해 주는 대기의 이산화탄소 최대 수준은 얼마냐 하는 것이다. 기후 모델을 만드는 사람들은 그것을 추측하기 위해 노력하고 있다.

그린란드와 2.2℃

여러분의 자동차 라디에이터 호스에 커다란 폭죽이 묶여 있다고 하자. 어쩌다 그렇게 됐는지는 나도 모른다. 여러분 자신의 상상력을 발휘하기 바란다. 내 상상력은 동이 났다. 여러분은 폭죽을 터뜨리지 않고 어딘가로 차를 몰고 가야 한다. 그래서 여러분은 폭죽이 터지기 전까지 얼마 동안이나 운전할 수 있을지 알아본다. 그리고 불확실하지만 시간을 추측해(예컨대 20분에서 약 5분 정도 가감되는 시간이라 치자) 14분 정도 떨어진 곳을 향해 출발한다. 아마도 안전하리라 생각한다.

12분이 지난 뒤 아내가 전화를 해, 방금 그 폭죽의 일련번호를 보았더니 점화 시점에 일관성이 없다고 알려준다. 새로 제시되는 불확실한 가감 시간은 5분이 아니라 10분이다. 여러분의 추측은 이전보다 훨씬 불확실하지만 불확실성이 우호적인 것은 아니다. 물론 생각했던 것보다 훨씬 더 멀리 갈 수도 있다(30분까지는 가능성이 있다). 그러나 동시에 자신이 위험 범위에 있음을 깨닫게 된다. 자, 운전을 계속할 것인가? 그것은 얼마나 위험을 감수할 것이냐에 따른 선택이다.

우리는 과학적 예측의 불확실성에 대해 위험의 과대평가라는 측면에서 기후 변화를 떠올린다. 하지만 불확실성은 상반된 결과를 모두 가지고 있다. 만약 기후 모델이 불확실하다면, 그들은 위험을 과소평가하고 있을지도 모른다. 우리는 과거의 기후 연구를 통해 기후에 어떤 가능성이 있는지 분명히 알고 있다. 커다란 불확실성은 그 같은 일이 다시 일어나는 데 얼마나 걸리느냐는 것이다. 우리가 확실히 말할 수 있는 것은 탄소의 배출을 계속하면 결정적인 순간이 어디에 있든 점점 가까이 다가가게 된다는 사실뿐이다.

그린란드의 갑작스러운 2.2℃ 변화라는 놀라운 발견에 대한 글에서 어느 연구자는 기후 모델에서 예측된 변화의 속도가 1만 4000년 전에 실제로 일어난 일과 어떻게 다른지 설명했다.

"기후 모델을 통해 시뮬레이션 된 기후 변화는 실제 관측된 것보다 상당히 느려 100년 내지 수백 년이나 지속된다."

달리 말하면 회의론자들이 옳다. 기후 모델은 옛날 기후에서 일어난 상황을 제대로 재현하지 못한다. 하지만 그렇다고 해서 그것이 위안이 되지는 않는다. 기후 모델이 과거에 정말로 일어났던 것보다 훨씬 느린 변화를 만들어 내면서, 바람직하지 못한 방향으로 분명히 틀리기 때문이다.

얄궂은 사실은 회의론자들 다수가 한동안 IPCC를 기우자들의 집단이라고 불러 왔다는 점이다. 그러나 과거의 기후 변화는 우리가 생각했던 것보다 훨씬 빨랐고 기후 모델을 수립할 때 몇 가지 긍정적 피드백 메커니즘을 배제했다는 것을 감안할 경우, IPCC의 평가가 오히려 너무 신중하다는 사실이 드러날지 모른다. 제6장에서 이야기했다시피, IPCC

가 예측 보고를 할 때마다 다음 보고서에서 관측된 기후 변화는 대부분 그 이전에 가장 비관적이었던 추측을 앞질렀다.

'무탄소 경제'를 이야기하다

우리는 갑작스럽고 파국적인 기후 변화가 가능하며 기후란 원래 그런 것이다!, 기후 변화가 갑자기 빨리 일어날 수도 있고 기후란 원래 그런 것이다!, 우리가 그 방아쇠를 가볍게 흔들고 있음을 그래, 이 이야기는 처음이다. 잘 알고 있다. 그래서 모든 사람들이 컴퓨터를 앞에 놓고 얼마나 크게 흔들면 방아쇠가 당겨질지 예측하기 위해 노력하고 있다. 한편 우리는 계속 방아쇠를 흔들어 대고 있다. 어쩌면 우리는 온난화 지지자들이 안절부절못하는 까닭을 알 수 있을지도 모른다.

다시 욕조 이야기로 돌아가자. 온난화 지지자들의 걱정은 욕조의 물이 더 이상 상승하지 않고 꾸준히 같은 수준을 유지한다고 하더라도 현재의 상황에서는 그 자체도 대단한 성과이다. 높은 수준에 머물러 있는 CO_2가 파국적인 결과를 유발할 큰 위협이 되지 않을까 하는 것이다. 예컨대 비록 콜레스테롤 수치가 상승하지 않더라도, 높은 상태로 오래 유지하면 갑자기 심장마비를 일으킬 가능성이 높아지는 것과 같다.

그러므로 온난화 지지자들이 지금 요구하는 조처는 수도꼭지를 거의 끝까지 잠그고 배수구를 넓히자는 것이다. 이렇게 해서 대기 중에 탄소가 빠져나오면, 대기 중 탄소의 수준이 차츰 위험 범위를 벗어나기를 초조하게 기다리면 된다. 그들은 이것이 결정적인 순간에 이르기 전에 이루어지기를 희망한다.

이것이 바로 '무탄소 경제'를 이야기할 때 그들이 언급하는 것이며,

재생 가능한 에너지—화석 연료가 우리를 위해 해 주던 모든 일을 탄소 배출 없이 해 줄 수 있는 핵·바람·태양·수력 발전 등과 같은 에너지 원—에 관해 많은 이야기를 듣게 되는 것도 그 때문이다.

그럼 대기 속 안전한 탄소 수준이란 어느 정도일까? 모든 사람이 동의하는 것은 과학이 발전함에 따라 그 추측치가 점점 낮아져 왔다는 사실뿐이다. 앞서도 언급했다시피, 현재와 같이 활동을 계속할 경우 금세기 말에 이를 즈음 탄소 수준은 대략 900ppm에 이른다. 과학자들 가운데 온난화 지지자들은 650ppm이 안전하리라고 말한 적이 있었고, 정책 수립자들은 "그 문제를 고려하겠다"고 했다. 이후 과학자들은 550ppm을 말했고, 정책 수립자들은 "그럴 리가 없다"고 했다. 이어 과학자들은 그 숫자를 450ppm으로 낮추었고, 정책 수립자들은 "정신이 있느냐?"고 했다. 그런데 이제 제임스 핸슨은 전문가 검토가 이루어진 논문을 통해 "실제로는 350ppm만이 안전할 것"이라고 말한다.

우리가 이미 350ppm을 넘어섰다는 사실을 핸슨이 모를 리 없다. 그는 돌아다니면서 귀를 기울이는 사람들에게 그 사실을 지적하고 있다. 이제는 그 숫자만 가지고 운동을 하는 온난화 지지자들도 있다. 바로 350.org이다. *사람의 마음을 끄는 것은 아니지만 명쾌하다는 점은 인정해야 한다.*

지구 시스템에는 재시동 버튼이 없다

이미 알아차렸겠지만 어떻게 보면 이 책은 실수를 피하기 위한 책이다. 여러분은 지금 지구 온난화의 쟁점에 대해 내기를 하자는 요구를 받고 있고 *"내기를 하지 않겠다"는 태도는 복권 B를 고르는 것이다,* 가능한 최상의 결정을 내리려고 하며, 가능한 실수를 피하고자 한다. 인생에서 흔히 있는 실수 가운데 하나는 합리적이지 않기 때문에 거부한 무엇인가가 나중에 옳다고 밝혀지는 경우이다.

이 장은 온난화 지지자들의 불길한 예언이 비합리적인 것에서 나오지 않았음을 설명하는 데 초점을 맞추었다. 그들 예측이 완전히 틀렸을지도 모르고, 20년 동안 착각하며 살았다고 우리 모두가 웃음을 터뜨릴 수도 있다. 하지만 그들이 비합리적인 것은 아니므로, 아예 무시해 버리지는 말아야 한다.

이제 여러분은 과학, 좀 더 구체적으로는 기후 모델에서의 불확실성이 우리를 안심시키기는커녕 놀라움을 자아낼 수도 있다는 온난화 지지자들의 입장을 훨씬 잘 이해할 수 있다. 그리고 전 지구적인 비선형 시스템의 경우 재설정 단추가 없다. 그러므로 일방적인 움직임처럼 보인다.

이것은 옳지 않을 수도 있다. 하지만 아마도 그것이 비합리적인 것은 아님을 이제 알 수 있을 것이다.

나의 결론은 이렇다

여기까지 오면서 여러분은 몇 가지 강력한 사고 도구를 얻었으며 논쟁에서의 주장들도 살펴보았다. 이제 그들로부터 결론을 얻을 시간이다. 그래서 여기에 불확실성에서 자신감을 불러내기 위해 모든 도구를 어떻게 동원해야 하는지 보여 주는 예제를 가지고 왔다. 사고 도구들은 역사상 가장 복잡하고 중차대한 논쟁 가운데 하나—몽롱하고 모순된 진술들과 짧은 시간표로 가득 차 있다—를 살펴본 뒤, 지구 온난화에 어떻게 대처할 것이냐는 물음에 대해 여러분 자신의 타당하고 적절한 답을 내놓게 하려는 것이다.

여러분 자신의 신뢰도 스펙트럼, 그리고 도구 상자를 만들기 위해 여러분 자신의 정보원들을 사용할 다음 장에서 나는 여러분을 위해 상세한 설명을 하겠다. 여러분이 이미 이 모든 내용의 전모를 파악하고 있기 때문에, 이 장에서는 앞서 이야기하지 않았던 새로운 요소—개인적 요인—와 더불어 내 자신의 결과를 함께 나누고자 한다.

나는 진실을 알고 있다고 주장하지 않는다. 그러므로 가독성을 위해 빠뜨렸지만 아래의 모든 문장들이 모두 '내가 볼 때……' 하는 말로 시작된다고 생각하면 된다. 그리고 설교조가 시작되고 있다고 느낀다면 빨간 펜으로 서슴거 말고 고쳐 주기 바란다.

진짜 신뢰도 스펙트럼을 만들자

제6장과 제7장에서 우리가 논쟁을 둘러보고 있을 동안 나는 각각의 정보원을 내 신뢰도 스펙트럼에서 특정 수준에 두는 이유에 대해 이야기했다. 205쪽의 그림에서 공간을 절약하기 위해 약자나 축소된 명칭을 사용해 내 스펙트럼 속에 배치해 놓았다. 각 정보원이 주위의 다른 정보원과 비교해 정확히 어디에 위치하는지는 중요하지 않다. 내가 두 가지 진술을 서로 대조하는 데 그다지 주의를 기울이지 않기 때문이다. 내가 중점을 두는 것은 스펙트럼을 채움으로써 드러나는 전모이다.

처음 완성된 신뢰도 스펙트럼에는 대중적 논쟁에서 불확실성 수준이 높은 것과 과학적 문헌에서 불확실성 수준이 낮은 것—내가 발견하는 한—사이에 단절이 있었고 나는 큰 탄성을 질렀다. 언론 매체에서는 '이야기의 양면을 이야기하려는' 뿌리 깊은 경향이 있으며 어느 정도는 그렇다. 하지만 우주 정책에 관한 기사를 다룰 때 달 착륙을 의심하는 사람들의 견해를 취재하지 않으며, 이스라엘 사태를 보도할 때 유대인 대학살을 부정하는 사람들을 인터뷰하지 않는다. 그리고 회의론자들 쪽에는 홍보에 기꺼이 나서려 하고 그 능력도 뛰어난, 언변이 매우 좋은 사람이 많다 과학계와 다르다.

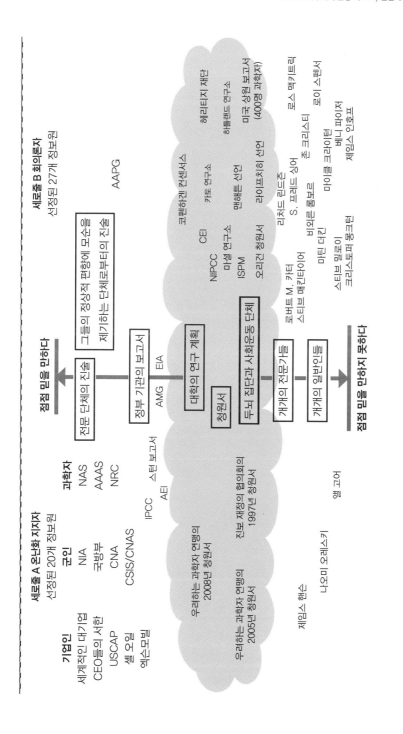

세로축 A 온난화 지지자
선정된 20개 정보원

기업인
세계적인 대기업
CEO들의 서한
USCAP
셸 오일
엑손모빌

군인
NIA
국방부
CNA
CSIS/CNAS

과학자
NAS
AAAS
NRC

IPCC
AEI 스턴 보고서
우려하는 과학자 연맹의 2008년 청원서
진보 재정의 협의회의 1997년 청원서
우려하는 과학자 연맹의 2005년 청원서
나오미 오레스키
제임스 핸슨
엘 고어

정점 믿을 만하다

전문 단체의 진술
그들의 정상적 편향에 모순을 제기하는 단체로부터의 진술

정부 기관의 보고서
AMG   EIA

대하의 연구 계획
청원서
두 집단과 사회운동 단체
개개의 전문가들
개개의 일반인들

정점 믿을 만하지 못하다

세로축 B 회의론자
선정된 27개 정보원

AAPG

코펜하겐 컨센서스
NIPCC   카토 연구소   해리티지 재단
CEI   맨해튼 선언   허틀랜드 연구소
마셜 연구소   라이프치히 선언   미국 상원 보고서
ISPM   (400명 과학자)
오리건 청원서
리처드 린드준   로스 맥키트릭
로버트 M. 카터   S. 프레드 싱어   존 크리스티
스티브 매킨타이어   비외른 롬보르   로이 스펜서
비외른 롬보르   마이클 크라이턴
스티브 밀로이   베니 파이저
크리스토퍼 몽크턴   제임스 인호프

마침내 내 신뢰도 스펙트럼이 보기 좋게 정리되었다

온난화 지지자들 쪽의 아래 공간이 채워지지 않은 것은 정보원이 없어서가 아니다. 거기에 들어갈 수 있는 정보원은 많다(IPCC, AAAS, NAS 등 전국적인 학회에서 나와 개별적으로 들어갈 수 있는 수많은 과학자들을 생각해 보라). 양쪽에 가장 신뢰할 만한 정보원을 찾는 가운데, 내가 개인들을 추가할 즈음에 이미 온난화 지지자들에 관한 장(제6장)을 모두 채웠기 때문이다.

여러분도 알겠지만 나는 확증 편향과 싸우기 위해 의도적으로 스펙트럼의 회의론자 칸의 맨 위에 들어갈 정보원을 찾았다. 그러나 미국 석유 지질학자 협회의 애매모호한 진술밖에 없었다. 미국 에너지 정보처와 분석 및 모델링 협회는 특정한 입장을 주장하지 않았음을 기억하라. 그들이 여기 포함된 것은 그들의 데이터 때문이다. 그렇다고 해서 그런 정보원이 존재하지 않는다는 뜻이 아니라 내가 그들을 찾아내지 못했다는 뜻이다. 하지만 나는 최대한 노력했다. *여러분이 만약 그들을 찾아낸다면 www.gregcraven.org를 통해 알려주기 바란다.*

가로줄을 올리자

보기 좋게 꽉 채워진 내 신뢰도 스펙트럼을 보았을 때, 도구 상자의 줄을 위아래로 움직이는 데는 아무 논리도 필요하지 않음을 깨달았다. 특히 양쪽의 불균형이 심한 스펙트럼의 맨 위를 쳐다볼 때, 그리고 그처럼 영향력 있는 수많은 정보원으로부터 나왔으니 그 진술들이 얼마나 강력할까를 생각할 때, 가로줄을 위로 올려야 한다는 것이 명백해졌다. 그래서 내 도구 상자에서는 다음과 같은 요인을 바탕으로 가로줄이 상당히 위로 올라간다.

- 맨 윗부분에서 온난화 지지자들과 회의론자 사이의 불균형 ("이 문제를 둘러싸고 이루어진 것과 같은 강력한 합의는 과학에서 찾아보기 어렵다"고 과학 잡지 〈사이언스〉의 편집인 도널드 케네디가 2001년에 썼다).
- 왼쪽 위에 자리 잡은 정보원 다수의 높은 권위, 전문성, 과거의 행적 등.
- 매우 다른 이해관계와 전문 영역을 지닌, 매우 다른 분야인 과학·기업·국가 안보에서 똑같은 결론에 이르렀다는 사실.
- 보통은 의사 표명을 거의 하지 않는, 특히 과학계와 국가 안보 종사자들이 강력한 진술을 했다는 놀라운 사실.

완성된 크레이븐의 의사 결정 도구 틀

지구 온난화	행 동	
	A 지금 뜻있는 행동을 한다	B 지금은 거의 또는 전혀 행동을 하지 않는다
거짓이다	①	②
참이다	③	④

아래쪽 가로줄이 위쪽 가로줄보다 훨씬 가능성이 많다.

가로줄을 위로 움직이지 않으면 내 스펙트럼의 왼쪽 위에 놓인 그들 여러 전문 분야의 수많은 전문가들이 모두 어떤 음모의 일부이거나 불안감을 자아낼 정도로 무능하거나 속임수에 잘 넘어가거나 아니면 타락한 사람이라는 엉뚱한 주장을 하는 것처럼 여겨진다. 물론 가능할 수 있지만 그럴 리가 없다고 생각한다.

오히려 그들 정보원은 자신들이 하고 있는 일에 대해 잘 알고 있다는 설명이 훨씬 그럴듯하다. 하지만 이윤이나 정부에 대한 강렬한 거부감 등의 이유로 행동을 지연시키려는, 자금도 풍부하고 조직력도 뛰어난 몇몇 단체가 있다. 그리고 우리는 모두 그 조직들의 이야기에 호응하는 매우 인간적인 뇌를 가지고 있다. 우리가 잘 속는 사람이라는 말이 아니다. 단지 우리가 인간이라고 말하는 것뿐이다.

과학에서 흔히 이야기되는 것처럼, 특별한 주장에는 특별한 증거가 요구된다. 그리고 나는 스펙트럼의 왼쪽 위에 들어가 있는 이들 전문가들의 경고야말로 엄청난 양의 전문성과 연구 결과를 바탕으로 이루어진, 앞으로 일어나리라 예상되는 일에 대한 높은 지적 수준의 추측이며, 그보다 특별한 증거는 없으리라 생각한다.

다시 도구 상자를 채워라

의사 결정 도구 상자의 가로줄을 위로 옮기면서 언급한 것과 똑같은 이유로, 나는 대개 스펙트럼의 왼쪽 위에 들어가 있는 정보원들에 의지해 일어날 것으로 예상되는 결과를 각 도구칸에 적는다.

왼쪽 위 칸(①)

이들 정보원 가운데 어느 누구도 대략적인 경제의 참담한 결과를 예측하지 않았으며, 노벨상을 수상한 경제학자와 세계적인 대기업 총수 등 매우 권위 있는 정보원 몇몇은 재생 가능한 에너지 기술의 선두 주자가 된다면 오히려 경제 전반의 이익이 될 것이라고 예측했다.

사실 텍사스의 석유업자로서 억만장자가 된 T. 분 피큰스는 텍사스에 세계 최대 규모의 풍력 발전소를 건설하고 있다. 그가 그렇게 하는 것은 지구 온난화에 대항하기 위해서나 환경을 살리기 위해서가 아니라 이윤을 얻기 위해서이다. 석유 가격의 최고점이 '분명히' 배럴 당 300달러까지 올라갈 것이고, 미국의 석유 수입 의존도가 국가 안보를 위태롭게 할 것이기 때문이다. 또한 엄청난 돈이 산유국으로 흘러감으로써 미국이 더욱 가난해질 것이기 때문이다. 그는 "지구 온난화가 심각해질 경우 일자리도 창출되지 않고 세금도 걷히지 않으며 이윤도 생기지 않을 것"이라고 말한다.

재생 가능한 에너지 구조로 전환하는 데에는 다른 이점들도 있다. 현재의 화석 연료 구조는 매우 중앙 집중적이며, 따라서 테러리스트의 공격이나 자연 재해에 대단히 취약하다. 반면 태양력이나 풍력 등 재생 가능한 에너지원은 훨씬 널리 확산시킬 수 있어, 어느 한 곳에 문제가 생기더라도 전체적으로는 큰 문제가 되지 않는다.

석유 가격의 최고점이 이미 찾아오지 않았다면 어쩌면 다음 10년 뒤 *2015년에 부족 사태가 되리라는 셸 CEO의 예측을 상기하라.*에 찾아올지 모르므로, 재생 가능한 에너지는 아무튼 곧 개발이 이루어질 것이다. 자본주의의 역사는 초기의 혁신자들이 엄청난 부를 얻을 수 있음을 보여 준다. *벨, 마이크로소프트, 포드, GE, 굿이어 등을 생각해 보라.*

그리고 경제에 대한 나의 이해에는 한계가 있지만, 미국 정부는 제2차 세계대전을 치르면서 국력을 총동원했고, 이 과정에서 많은 지출을 통해 경제 공황을 빠져나왔다. 그러므로 기후 변화와 싸우는 것은 실제로 불황을 타개하는 대책이 될지도 모른다. 거대한 새로운 에너지를 구축하고 저탄소 경제로 전환하면서 우리가 오랫동안 보지 못한 가장 커다란 일자리 창출의 기회를 만들 수도 있다.

하지만 나는 이 도구 상자를 만들기 전부터 내가 온난화 지지자임을 알고 있었다. 만약 이 도구 상자가 기존의 내 믿음에도 불구하고 편향되지 않기를 원한다면, 각 칸마다 내 편향과 어긋나는 보정을 해야 한다. 그래서 나는 경제적 결과를 긍정적—내가 가지고 있는 온난화 지지자로서의 편향에 어울리는 것—이라고 생각하지 않고, 보통의 손실과 보통의 이득 사이일 것이라 생각하기로 한다. 따라서 아무런 경제적 결과가 없는 중립적인 얼굴로 나타낸다.

오른쪽 위의 칸(②)

인구 과밀은 수학적으로 확실한 사실이며, 우리가 수십 년 이내에 그 문제를 다루지 않으면 자연이 우리를 대신해 그렇게 할 것이다. 아마도 여러분이 듣게 될 가장 놀라운 이야기는 앨버트 바틀릿이 제기한 이야기일 것이다. (유튜브의 시간 제한 때문에 바틀릿의 긴 강의는 8부분으로 나뉘었다. 첫 부분을 볼 수 있는 URL은 www.youtube.com/watch?v=F-QA2rkpBSY이다. 일단 그 유튜브 사이트에 들어가면 그 다음 부분들의 링크를 볼 수 있다. 그들 비디오는 많은 그래프를 사용해 설명하는 강의인데도 불구하고, 내가 학생들에게 보여 줄 때마다 일 년에 두 명 정도의 학생들은 그 비디오를 가지고 싶다고 말한다! 그 강의의 충실성을 나타내는 지표인 셈이다.)

그리고 앞선 언급처럼 석유 가격의 최고점 또한 우리가 살아 있는 시대에 맞게 될 것이 확실하다. 그러므로 우리가 제1장에서 행복한 얼굴을 넣었던 두 번째 칸은, 비록 우리의 주머니 사정을 염려해 줄 사람들이 전 지구적 기후 불안정의 위협에 관해 잘못 생각한다고 하더라도, 그처럼 웃는 얼굴이 되지는 못할 것이다.

왼쪽 위의 칸에 대한 내 평가가 행동에 의한 경제적 비용이 중립적이리라는 것이었기 때문에, 세로줄 B에서는 행동을 회피한다고 해도 경제적 이득이 없으리라고 결론을 내려야 한다. 그러므로 나는 석유 가격의 최고점이나 인구 과밀 문제와 결합된 중립적 경제 효과 때문에 오른쪽 위의 칸에 찡그린 얼굴이 들어가야 한다고 주장할 수 있다.

그러나 이것은 복권에서 '승산이 있는' 부분인 데다, 온난화 지지자로서의 내 편향 때문에 온난화에 대비해 행동해야 한다고 주장하는 것처럼 보이고 싶지 않으므로 가급적 온난화에 대비해야 한다는 주장을 부정적으로 여겨지게 하려고 한다. 여기서도 내가 다시 주장할 수 있는 가장 부정적인 결과를 집어넣는 대신에, 내 편향과 어긋나는 보정을 하기 위해 가장 긍정적인 중립적 표정을 넣기로 한다.

왼쪽 아래의 칸(③)

나는 간혹 지구 온난화를 인간이 만들었다 하더라도, 우리가 그것을 바로잡을 수 없거나 그렇게 하려는 도중에 뒤죽박죽이 되어 버리면 어떻게 하느냐는 질문을 받았다. 여기서도 나는 신뢰도 스펙트럼의 맨 위에 자리 잡은 정보원과 생각이 같다. 나는 그들의 생각을 신뢰한다.

에너지의 독립과, 집중화를 탈피한 에너지 구조에 의한 테러리스트의 공격에 대한 저항력 등과 더불어 ①과 똑같은 중립적 경제적 결과를 감안하면, 미소 띤 얼굴로 하자고 주장할 수도 있다. 하지만 온난화 지지자들의 진술로 미루어, 나는 우리가 이미 기후 변화로 인한 몇 가지 부정적 결과에 영향을 받을 가능성이 있으며 그다지 행복한 입장은 아니라고 정리한다. 그래서 미소 띤 얼굴이 아니라 중립적인 표정으로 나타낸다.

이것은 또 복권 A가 훨씬 매력적으로 보이게 하기 위해 이 칸에 미소 띤 얼굴을 넣으려는 내 편향을 보정하는 데 도움이 된다.

오른쪽 아래의 칸(④)

내 스펙트럼의 왼쪽 위에 있는 정보원들로부터 나온 진술은 이 칸의 내용을 매우 불길하게 만든다. 국가 안보에 관한 정보원들의 분석은 그들의 정상적인 편향과 모순되고 *우리는 군인들이 자연을 보존하려고 나서리라 기대하지 않는다.* 국가에 대한 위협을 평가하는 것이 그들의 직업이기 때문에 내게는 특히 중요하다. 그리고 그들의 진술을 거듭 읽으면…… 맙소사, 그 모습은 결코 아름답지 못하다.

그래서 그처럼 믿을 만한 정보원으로부터 나온 여러 극단적인 예측은 처참하게 찡그린 얼굴 표현을 정당화해 준다. 그 그림이 온난화 지지자로서의 내 편향이 원하는 것임을 잘 알고 있으며, 다른 칸에서 그랬던 것과 마찬가지로 편향을 줄여야 하지만, 그처럼 신뢰성 높은 여러 다양한 정보원들이 보여 주는 의견 일치를 무시할 방법을 찾지 못하겠다.

가장 훌륭한 선택

가능성의 엄청난 차이와 잠재적 오류의 엄청난 차이(①과 ④)가 드러나는 완성된 의사 결정 도구 상자를 보면, 어느 세로줄에 내기를 걸어야 할지 별다른 계산을 할 필요가 없음을 깨닫게 된다. 내가 볼 때 분명 세로줄 A가 우리의 미래를 지킬 수 있는 기회를 제공한다.

비록 내 결론이 내가 만든 신뢰도 스펙트럼의 맨 위에 등장하는 온난화 지지자들과 거의 정확하게 일치함이 드러나더라도, 세로줄에 대한 내 선택은 그들을 믿기 때문이 아니라는 것이 중요하다. 이 모든 것은 누구를 믿을지 선택하기 위해 만든 것이 아님을 기억하기 바란다. 오히려 위기에 관한 내 평가는 그들 진술이 가로줄의 개연성을 정립하기 위해 사용하는 데 지나지 않는다.

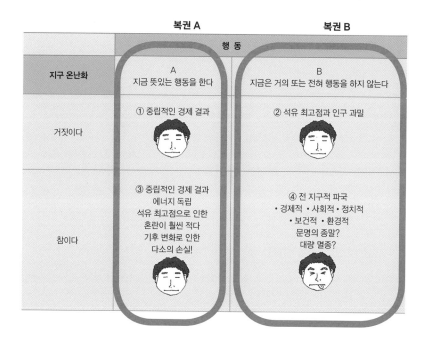

하지만 때때로 내가 이 쟁점에 얼마나 열중하고 있는지 깨달을 때, 내가 남의 말을 너무 믿고 있는 것은 아닌지 궁금해지기 시작했다. 그렇지만 나는, 그래, 이것은 그들을 믿느냐 마느냐 하는 문제가 아니라는 사실을 기억한다. 단지 이 구체적인 세계에서 일어날 가능성이 많은 것이 무엇이며, 내 가족의 안전을 위해 어느 쪽에 거는 것이 가장 좋은지 알기 위해 그들을 이용할 뿐이다. 그리고 내 스펙트럼의 왼쪽 위에 있는 그들 대단한 두뇌들이 모두 정신이 아주 이상해질 가능성은 거의 없다고 생각한다. 그래서 나는 가로줄 아래가 일어날 가능성이 훨씬 많다는 것, 그리고 ④의 실수가 ①의 실수보다 훨씬 나쁘다고 확신한다. *경고의 종을 울려라!! 더닝·크루거의 효과?*

그렇다고 해서 내가 잘 속는 사람일까? 그렇게 생각하지 않는다. 단지 복잡하고 전문화된 세상을 살아가는 방법일 뿐이다. 그러나 비록 내가 잘 속는 사람이라 하더라도, 적어도 나는 내 가족을 보호하기 위해 가장 철저하고 자기비판적이며 신중한 결정을 내림으로써 그것을 피하기 위해 최선을 다했노라고 생각한다.

그리고 내게 가장 훌륭하면서 신중하고 조심스러운 내기란 ④와 같은 결말을 피하는 것이다. 그래서 나는 복권 A를 구입할 것이다.

내 결론에 또 영향을 미치는 것

이 단순한 도구 상자 바깥에 내 결론에 영향을 미치는 개인적 요인들이 있다. 이들은 세로줄을 선택하는 것뿐만 아니라 세로줄 A의 행동이 얼마나 단호해야 하는지에 대한 내 생각에까지 영향을 미치는 내 경험과 가치이다. 그리고 내가 행동에 얼마나 전력을 기울일지에 대해서도 영향을 미친다.

지금까지 나는 여러 편향들을 파악하고 그들에 대항하기 위해 노력해 왔다. 하지만 그렇다고 해서 우리의 배경이나 경험, 가치나 믿음이 우리의 결정에 타당한 역할을 하지 않는다는 말은 아니다. 다만 신중해야 한다는 말이다. 우리는 도구 상자의 노예가 되고 싶지 않다. 그것은 단지 도구, 보조 기구일 뿐이다.

그래서 다음 요인들은 내가 이 책에서 다루어 왔던 사고의 도구들에 속하지 않지만, 내가 주의를 기울인다면 세로줄 결정에서 타당한 역할을 한다고 생각한다. 여러분의 개인적 요인은 물론 나와 다르겠지만, 여기서 내 개인적 요인을 소개하는 것은 다음 장에서 여러분 자신의 개인적 요인을 통합시킬 수 있도록 그 방법을 보여 주기 위해서이다. 여러분의 도구 상자가 내 도구 상자보다 명확하지 않을 때, 개인적 요인은 특히 유용하다.

개인적 요인을 읽을 때 명심해야 할 것은 다음 장에서 여러분 자신의 결론을 내리게 된다는 점이다. 따라서 메모를 하면서 읽으면 도움이 될 것이다. 만약 여러분이 나와 비슷한 경험이나 가치를 가지고 있다면 간단히 '그래!' 하고 적어도 무방하며, 만약 여러분의 경험이 내 경험과 다르거나 내가 개인적 요인들을 부적절하게 적용시킨다고 생각한다면 커다란 점을 찍어 놓을 수도 있다.

위험에 대한 혐오

내 딸의 복지에 관한 문제에 이르면 나는 극도로 위험을 싫어한다. 내가 ④보다 ①의 위험을 감수하려는 것은 대공황이라는 최악의 상황 시나리오에서도 아이들과 함께 살아갈 수 있기 때문이다. 그에 비해 파국적인 기후 불안정이라는 최악의 상황에서는 아이들에게 심각한 위해를 초래할 가능성의 시나리오가 있다. 그것은 내가 감수하고 싶지 않은 위험이다. 그리고 나는 자전거 헬멧이나 안전벨트에 대해서도 대부분의 사람들보다 까다롭다. 물론 위험에 대한 생각은 개인의 취향임을 잘 알고 있다.

이 때문에 나는 쟁점에 관한 확실성이 있을 때 그때는 결코 오지 않을 것이다. 까지 기다리고 싶지 않다. 그리고 노벨 경제학상을 수상한 토머스

셸링이 한 말에 공감한다. "위험이 불확실하므로 많은 비용을 지출할수 없다는 견해는 기후에서만 보이는 독특한 것이다. 테러리즘이나 핵확산, 인플레이션, 예방 주사 등과 같은 다른 여러 정책들은 '보험'이라는 원칙이 적용되는 것 같다. '충분한 손상'이 '충분히 예견'되면, 우리는 적절한 예방적 행동을 취한다."

강박 관념에 사로잡히는 개성

대부분의 내 개인적 요인들과 달리 내게 강박 관념이 있다는 점은 세로줄 A의 선택을 주장하는 것과 어긋난다. 나는 한 가지 쟁점에 사로잡혀 그것을 침소봉대하기 일쑤이다. 그리고 틀리는 것을 싫어하므로, 내믿음을 정당화할 방법을 찾으면서 때때로 확증 편향에 크게 사로잡히기도 한다. 그 결과 어떤 쟁점이 매우 중요하다고 생각하지만, 나중에그렇지 않음이 밝혀진다.

몇 해가 지난 뒤 모든 일이 원만해지면, 지금의 나를 돌아보며 왜 이렇게 초조해 했는지 실없는 느낌이 들지도 모른다. 내가 만든 신뢰도 스펙트럼의 왼쪽 위에 올라가 있는 정보원들의 진술이나 신뢰성을 감안할 때 그럴 가능성은 없는 것 같다. 그래도…… 이것은 희망이다. 내 자식들의 장래를 그 가능성에는 걸지 않겠다.

복잡한 시스템과의 친숙함

복잡한 시스템을 몇 가지 배운 만큼 나는 기후가 갑자기 예상과 전혀달리 움직일 수 있다는 점에 경외감을 품고 있다. 그래서 기후를 예측하면서 주의를 기울이지만 기후에 있는 몇 가지 피드백 메커니즘이 현재의 예측에 포함되어 있지 않다는 점을 알고 나자 신경과민이 된 상태이다. 이 때문에 더욱 적극적으로 세로줄 A를 추구한다.

과신에 대한 망설임

과학 교사인 나는 현대 과학사에서 좋은 의도로 시작했지만 나쁜 결과로 끝나 버린 많은 일들을 알고 있다. 예상하지 못했던 비극을 초래한 석면, PCB, 탈리도마이드, 캐슬 브라보 핵실험 등이 바로 그것이다. 그래서 나는 잘못을 저지르더라도 신중하려고 한다. 그러면 예상치 못한 일이 일어나더라도 즉각적인 위험은 피할 수 있기 때문이다.

2008년의 금융 위기는 전 지구적인 금융 체제와 같은 복잡한 시스템과 과신이 결합될 경우 어떤 일이 일어날 수 있는지를 보여준 예였다. 복잡한 시스템을 성공적으로 관리할 수 있는 힘 있는 자들에 대한 우리의 믿음은 '월 가를 무너뜨린 주' 동안 산산조각이 났다. 이는 기후 변화 논의에서도 중요하다. 이 책을 통해 여러분에게 하고 싶었던 말은 바로 각자 자신에게 물어 보는 편이 훨씬 낫다는 것이다. 어느 전문가의 매우 자신만만한 진술이 만약 틀린 것이라면? 그가 옳다는 것에 얼마나 돈을 걸 수 있을까? 그가 옳지 않을 경우 일어날 수 있는 최악의 상황은 무엇인가?

전 미국 연방 준비은행 총재 앨런 그린스펀은 의회에서 폭탄을 터뜨렸다. 자신이 생각했던 것만큼 경제가 어떻게 작용하는지 제대로 알지 못했노라고 인정한 것이다. 그리고 유명한 경제 평론가 벤 스타인은 그가 금융 위기의 도래를 몰랐던 이유를 "미래가 과거와 매우 비슷하리라 생각했지만 때때로 그렇지 않기 때문"이라고 설명했다. 은퇴 뒤의 투자에 관한 내 중개인의 생각과 거의 비슷한 셈이다.

그러나 투자가로서 워런 버핏의 명성이 더욱 높아진 것을 주목할 만하다. 2003년 〈뉴스위크〉가 그를 '기우가 심한 사람'이라고 불렀을 정도로 여러 해 동안 바로 그 같은 위험을 지적해 왔기 때문이다. "그는 항상 일어날 수 있는 최악의 상황이 무엇인지를 생각한다"고 버핏의 전기 작가 앨리스 슈로더가 어느 인터뷰에서 밝힌 적이 있다.

이를 통해 나는 경보를 울리는 사람과 기우가 심한 사람이 때로는 서로 다를 수도 있음을 깨달았다.

과학에서 내가 파악한 경향

과학적 사고는 유형을 찾아내는 일이며, 과학 교사인 나는 그 유형을 찾아내지 않을 수 없다. 지난 20년 동안 과학이 점차 자신감을 얻는 것을 지켜본 바에 따르면, 금세기의 모습은 점점 더 극단적이 되고 있다. 결과적으로 더욱 불길해지고 연대는 점점 짧아진다.

이것은 우리가 파멸에 이른다는 뜻이 아니다. 기후는 우리가 생각하는 것보다 훨씬 복원력이 있다. 단기적인 변형을 전체적인 경향인양 착각할 수도 있다. 예컨대 최근 그린란드의 빙하가 급속히 녹는 것은 해수의 온도가 임의로 올라갔다 내려갔다 하기 때문인지도 모른다.

하지만 모퉁이를 돌 때마다 보이는 광경이 지저분하다면, 다음 모퉁이를 돌 때 보기 좋은 광경이 나온다는 데 큰돈을 걸지 않을 것이다.

이 쟁점이 다른 모든 쟁점보다 중요해지리라는 예상

2℃ 정도의 온난화가 다방면으로 얼마나 부정적인 결과를 가져올지 살피면서, 나는 신앙이나 가족을 제외하고 다른 관심사나 걱정, 대의 등은 급작스럽고 파국적인 전 지구적 기후 불안정에 비하면 덜 중요한 일이라 여기게 되었다.

만약 최악의 경우에 대한 시나리오가 받아들여지지 않으면(최악의 상황이 일어나지 않겠지만 점차 가능성이 있는 것처럼 보인다), 결국 다른 모든 우려들은 기후가 파국에 이르면서 더욱 악화되고, 정부는 안전을 위해 모든 자원을 내던지느라고 정신 없을 것이다.

그러니까 내 말은 먹을 수 있는 깨끗한 물을 찾아야 하는 상황에서 시민의 자유에 대해 이야기할 수 있겠느냐는 뜻이다.

미래의 후회에 대한 혐오

나는 후회를 싫어한다. 그래서 개인적으로 어떤 일을 결정하는데 있어 미래에 있을지도 모르는 후회를 생각하고 그것을 피하려고 애쓴다. 세로줄 B를 선택한 뒤 그것이 틀릴 경우를 생각하니, 좀 더 신중하게 판단하지 않은 것에 엄청난 후회가 밀려온다. 특히 앞으로 20년 동안 세상이 지금 이대로 계속되도록 내버려둔다면 더 그럴 것이다.

그렇지만 세로줄 A를 선택한 뒤 돈을 잃는 것을 생각했을 때는 아무렇지도 않았다. ①에서 엄청난 대가를 지불했더라도 당시 내가 가지고 있던 정보를 바탕으로 가장 철저하고 조심스러우며 책임감 있는 결정을 내렸다고 생각할 것 같았다.

기분이 좋지는 않겠지만 후회로 가득 차 있지도 않을 것이다.

단기 대 장기의 어리석은 습관

나는 일상 속에서 만족감을 느끼는 사람이다. 장기적인 개선을 위해 단기적인 약간의 희생을 감수하면 더욱 행복해질 것이므로 그것을 이겨내기 위해 힘껏 노력한다. 살면서 바보짓을 자주 했으므로, 기후에 대해서도 경제를 해롭게 할지 모른다고 행동을 미룸으로써 바보짓을 할

까봐 혐오스러울 지경이다.

경제적 위험을 가볍게 여기는 것은 아니다. 지난번 불황 때 실직한 경험도 있어 끔찍하다. 하지만 경제도 인간이 만든 것이므로, 인간들이 해결할 수 있으리라 여겨진다. 그리고 불경기조차 끝이 있다. 하지만 기후의 혼란은 그렇지 않을지 모른다.

그래서 내 의사 결정 도구 틀 ①에서 경제적 위험을 받아들인다. 세로줄 B의 선택이 단기적인 것을 선택함으로써 자주 저지르는 어리석은 실수일 가능성이 많아 보이기 때문이다.

시스템 여과 장치

나는 여러 해 동안 물리와 화학을 가르치면서 사물을 바라보는 방법에 많은 영향을 받았다. 문제를 보면 언제나 이것과 저것이 어떻게 연결되어 있느냐 하는 필터를 통해 생각하게 된다. 그래서 지난 200년 동안 인류가 얼마나 확대되고 번영했는지를 생각할 때, 그것을 모두 현대의 번영에 필요한 여러 가지 상호 시스템 덕분이라고 생각하지 않을 수 없다.

내게는 우리가 서로 관련된 온갖 종류의 작은 토막으로 놀라운 구조물을 만들어 생존의 생활양식을 유지해 나가는 것 같다.

2008년의 금융 위기 동안에는 그 구조물을 지지하는 들보 가운데 하나인 금융 체제가 갑자기 무너진 것 같았고 우리 모두가 심각한 고통을 겪었다. 토대가 무너지는 느낌은 극도로 당황스럽다. 그래서 갑자기 모든 사람이 무너진 들보를 고치는 방법에 초점을 맞추었다. 미국은 그 들보를 끌어올리기 위해, 제2차 세계대전 때보다 2008년 9개월 동안 더 많은 돈을 지출했다. 그리고 그 대응 조처를 협의하기 위해 2008년 11월 14일과 15일 워싱턴에서 20개국 정상들이 회담을 가진 점도 주목할 만하다. 금융 위기에 대해 내가 얻은 실질적인 교훈은 어쩌면 최근 어느 회의에서 엿듣게 된 다음과 같은 말에 요약되어 있는지도 모른다. "그래, 금융 체제를 살리기 위해 우리는 협의를 거쳐 즉각 대대적인 조처를 취했다. 그러니 이제 지구도 살릴 수 있지 않을까?"

하지만 멀리서 보면 그 모든 것을 지지해 주는 더욱 근본적인 들보, 안정적이고 예측 가능한 기후가 있다.

앞서 이야기한 것처럼, 현대 문명은 현재의 기후를 바탕으로 한다. 내 생각에는 이 들보가 무너지면 다른 모든 것도 무너질 것 같다. 그래서 나는 금융 위기를 교훈적인 이야기라고 생각한다. 바로 우리를 밑에서 지지해 주는 구조를 제대로 유지하지 않으면 매우 놀랍고 불쾌한 결과가 나타날 수 있다는 이야기다. 그 때문에도 나는 더욱 세로줄 A를 선택하게 된다. 그보다 더 큰 들보가 무너지지 않도록 하기 위해서이다.

나는 감상적인 사람이다

교사인 나는 감상적이다. 문자 그대로 날마다 내 제자들이 살아가면서 겪고 있는 상황에 대해 분노를 느낀다. 그래서 지구 온난화는 우리가 누리는 경제적 번영 비용을 다음 세대에 물려주기 때문이라는 이유만으로는 온당하지 못하다. 물론 우리 세대는 힘든 노력과 혁신을 통해 그 번영을 이루었다. 하지만 그것은 모두 화석 연료가 제공하는 값싸고 구하기 쉬운 에너지를 바탕으로 한 것이었다.

세로줄 B를 선택하는 사람들도 그들의 자녀를 사랑하리라고 믿는다. 회의론자들과 대화를 나눌 때도, 그들이 세로줄 B를 선택하는 것은 그것이 자녀들의 미래를 안전하게 지켜 줄 가능성이 더 많다고 생각하기 때문임이 분명하다. 내가 가장 자주 듣는 이유는 경제를 보호해야만 무슨 일이 일어나든 그것에 대처할 충분한 부를 축적할 수 있다는 것이다.

하지만—미래에 청구서가 날아올 경우 그 비용을 지불할 방법을 찾아낼 수 있으리라고 가정하고—빚을 지며 살아가는 것이 반드시 효과적인 것은 아니다. 값비싼 식당을 찾아다니다가 그 청구서를 자식들에게 떠넘기게 될 생각만 해도 끔찍하다. 그래서 세로줄 A를 선택해야 한다는 것을 더욱 적극적으로 바라게 된다.

나는 이기적이다

우리는 인류가 과거의 기후 변동에도 적응해 왔음을 잘 알고 있다. 동식물은 계속 살아갈 것이다. 그러나 내 관심은 동식물이 아니라 내 자신과 내게 속하는 모든 것이다. 그러므로 '우리는 적응할 것'이라는 다짐이 나를 진정시키지 못한다. 내가 피하기를 원하는 과정의 중단과 고통 때문이다. 솔직히 이 문제는 신물이 날 정도이므로, 자식들만 아니라면 잠자코 기다렸다가 결말을 지켜보고 싶다. 하지만 그럴 수 없다. 이런 말이 있지 않은가? 자식을 가지려는 것은 여생 동안 우리의 심장을 우리 몸 밖에 돌아다니게 하려는 것이라고. 그래서 이러고 있다.

> **그래서 어떻게 할 것인가?**

스펙트럼의 왼쪽 위 평온하고 전문적인 정보원에서 나온 귀에 거슬리는 온갖 진술을 검토하고, 그들이 모조리 정신이 나갈 수 있을까 생각한 뒤, 시간이 경과함에 따라 여러 예측이 점점 더 불길해지고 다급해지고 있다는 내 견해까지 덧붙이자, 여간 두렵지 않다. 그래서 나는 브레이크를 꽉 밟자는 것에 찬성한다. 무릎에 뜨거운 커피가 쏟아지는 것은 회복이 가능하지만 아이들을 뒷자리에 태운 채 자신만만하게 절벽에서 떨어질 경우에는 되돌릴 수 없기 때문이다.

이리하여 내 도구에 의해 나는, 가장 안전하고 신중한 내기는 당장 탄소 배출을 상당히 감축하는 것이라는 결론에 이르렀다. 그 결론의 실상은 무엇일까? 그리고 내 결론을 행동으로 옮기기 위해서는 어떻게 해야 할 것인가?

이들 문제는 여러분에게 지구 온난화를 어떻게 할 것인가 하는 문제에 여러분 자신이 결정을 내릴 수 있는 도구를 마련해 준다는 이 책의 목적에서 벗어난다. 내 도구 상자와 개인적인 요인들에 의해 유도된 그 답은 탄소의 배출을 과감하게 줄이라는 것이다. 하지만 갑자기 어떻게 해야 할지를 말함으로써 그 약속을 어기고 싶지 않다.

그렇지만 결론을 못 내리는 여러분을 그대로 두는 것도 온당치 못하다. 그러니 타협을 하면 어떨까? 다음 장에서 여러분 자신의 결론을 내린 뒤 그것이 내 결론과 같다면, 그 결론에 이른 뒤 할 수 있는 일에 대해 내 나름의 생각을 소개하는 부록을 포함시켰으니 참고하기 바란다. 그러나 그것을 책의 내용과 분리시킴으로써 제0장과 제1장에서 세웠던 우리의 목표와 별개인, 선택적인 것임을 분명히 했다.

그러므로 마지막 숙제를 끝내기 전까지는 부록을 엿보지 말도록. 지금은 연필을 들고 다음 장으로 가서, 여러분의 안전을 보증할 수 있는 가장 훌륭한 복권은 어떤 것인지 자신의 결론을 내릴 시간이다.

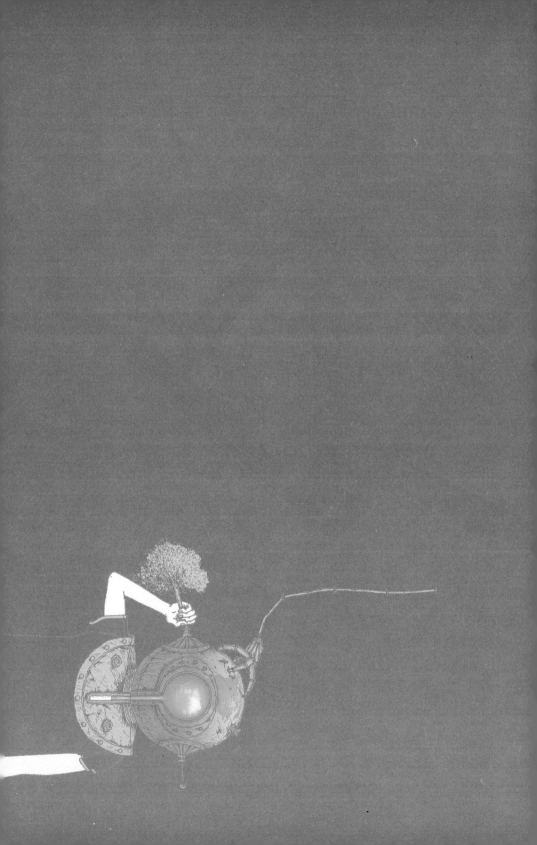

Part 04

나비효과,
우리 모두 허리케인을 일으킬 수 있다

제10장

이제, 여러분 차례이다

지금까지 여러분에게 사고의 도구를 제공하려고 노력하면서, 내 생각에 치우치지 않고 최대한 객관적으로 이야기하려고 애썼다. 하지만 그렇지 않을 수도 있다고 생각한다. *www.gregcraven.org에서 여러분의 의견을 기다린다.*

좋든 싫든 우리는 물리학 법칙에 의해 의사 결정 도구 상자의 두 세로줄 사이에서 선택을 해야 한다. *세로줄이 둘뿐이라 선택이 너무 제한적이라고 생각한다면 계속 읽기 바란다. 다음 페이지에서 그 문제를 다루고 있다.* 심지어 '선택할 필요가 없다. 무슨 일이 일어날지 과학자들이 의견 일치를 볼 때까지 기다리기만 하면 된다' 하고 생각하더라도, 물리학 법칙은 여러분이 세로줄 B를 선택한 것으로 간주한다. 기후는 기다려 주지 않기 때문이다. 바로 지금 그 실험을 하고 있다.

여러분이 숙제할 시간이다. 여러분이 할 일은 자신의 의사 결정 도구 상자를 만든 뒤, 그것을 사용해 선택하는 것이다. 이미 자신의 가치와 경험을 바탕으로 자신의 신뢰도 스펙트럼은 만들어 놓았다. 이제는 그 스펙트럼을 사용해 도구 상자를 만들어 보자. 원하는 것이 어떻든 그렇게 할 수 있으며, 그렇게 하는 데 올바른 방법이란 따로 없다. 신뢰도 스펙트럼을 사용해 도구 상자 어디에 넣을지 결정하는 것, 그리고 상자를 복권으로 생각하고 선택하는 것 등을 대부분 내 자신이 직접 만들었기 때문이다. 그러므로 틀릴까 봐 걱정할 필요가 전혀 없다. 여러분의 선택을 확인할 '올바른' 방법이 없기 때문이다. 단지 기후에 대한 우리 행동의 구체적인 결과만 있을 따름이다.

여기에는 단순화하는 것이 많아진다. 여러분이 이 책을 집어든 이유도 바로 그 때문이다. 이 책은 복잡한 문제를 단순화시켜 문제를 해결하는 데 도움을 주고자 하는 것이다. 여러분의 신뢰도 스펙트럼을 만들 때와 마찬가지로, 이 훈련을 하는 동안 구체적인 내용에 대해서는 너무 걱정하지 않아도 좋다. 이것은 어디까지나 애매모호한 것이다.

두어 개의 사소한 내용이 어느 한 방향으로 약간 치우친다고 하더라도 전반적인 모습은 바뀌지 않는다. 여러분이 만든 도구 상자가 바로 대답을 내놓지는 않는다. 단지 무엇을 해야 할지에 대한 지침을 제시해 줄 뿐이다. 그 지침도 완벽하지 않으며, 세월이 지나 더 많은 정보를 얻으면서 조정해 나가야 할 것이다. 그렇지만 그 도구 상자가 없을 경우 우리들 대부분이 갖게 될 확증 편향 때문에 그냥 멍하게 있는 것보다는 훨씬 낫다.

올바른 답은 없다, 훌륭한 추측을 하자

물론 두 세로줄 사이에 중간적인 행동 사례가 있다. 그리고 가로줄에도 중간의 가능성이 있다. 그리고 행동이 무엇을 뜻하는지에 대해서는 지금까지 자세히 다루지 않았다. 새로운 세계 질서를 수립할 파시스트 국가를 이야기하고 있는 걸까, 아니면 뜨거워지는 여름을 이겨내기 위해 에어컨을 사라고 이야기하는 것일까? 이것은 아주 복잡해질 수 있는 문제이다. 그 때문에 전문가 검토가 이루어진 수만 편의 논문들 속에 파묻혀 지내는 수많은 전문가들이 있다.

원한다면 그 복잡성을 파헤쳐도 무방하지만, 지나치게 완벽함을 추구하는 덫에 빠져서는 안 된다. 만약 네 칸짜리 도구 상자가 너무 단순해서 전혀 유용하지 않다고 생각해 세로줄이나 가로줄을 추가하고자 한다면 그것도 좋다. *내가 제작한 비디오 중에서 모두 45칸이고 각 칸마다 25가지 사례를 다룬 도구 상자를 만든 적도 있었다! 정말 좋은 시절이었다…….* 하지만 대부분 우리 같은 사람은 이렇게 복잡한 것을 제대로 따라 하기 힘들고, 따라서 아무것도 갖지 못하게 된다.

인생은 회색 영역으로 가득 차 있다. 즉 애매모호함을 다루는 것이 바로 위기관리 방법이 설계된 까닭 중 하나이다. 아무것도 확실히 아는 것이 없다. 그러므로 인생이 우리를 괴롭힐 가능성을 줄일 만한 대략적인 답을 얻기로 하자. 이때 절대적인 것은 물리 법칙이며, 일어날 일은 일어난다. 기후는 우리의 믿음이 아니라 우리의 선택에 의해서 반응한다. 따라서 올바른 대답을 기다리기보다 몇 가지 훌륭한 추측을 하는 것이 제일이다. 올바른 대답이 무엇인지 확실히 알 수 있는 방법은 실험을 거친 뒤 되돌아보는 것이기 때문이다.

그러므로 일단은 이 단순한 도구 상자를 가지고 자신의 결론을 내리기를 권한다. 당신이 원한다면 나중에 다시 복잡한 도구 상자를 만들 수도 있다.

제0단계: 자신의 편향을 모은다

확증 편향을 피하려 할 때 오히려 그것을 자극하는 것이 이상하게 여겨질지 모르지만 바로 그것이 요령이다. 가장 위험한 편향(그리고 추측)은 사용하고 있으면서도 깨닫지 못한다. 그러므로 바로 앞에 놓고 감시하면서 한 가지씩 결정할 때마다 그들에 대해 확인하는 편이 훨씬 낫다. 이것은 컴퓨터에 설치된 바이러스 퇴치 프로그램이 이미 알려진 바이러스를 가지고 새로 저장되는 파일에 동일한 바이러스가 있는지 대조하는 것과 같다.

자신의 편향을 찾으려 해도 찾지 못한 채 '내게는 편향이 없다'고 생각한다면 더욱 주의를 기울여야 한다. 더닝·크루거의 효과를 기억하는가? 우리는 모두 편향을 가지고 있다. 전혀 가지고 있지 않다고 생각한다면, 아직 눈에 띄지 않았을 뿐이다. 재빨리 뒤돌아보라! 무엇인가 보였는가? 다시 해 보라.

원한다면 제3장을 다시 읽도록 하라. 도움이 될지도 모른다. 또는 친구들에게 여러분의 편향을 지적해 달라고 부탁해도 좋다. 기꺼이 여러분의 편향을 조목조목 지적해 줄 것이다.

제1단계: 진술을 모은다

여러 가지 진술과 그들의 출처(정보원)를 모은다. 내가 모은 것을 사용해도 좋고, 자신이 직접 찾아내도 좋다. 여러분의 신뢰도 스펙트럼 어디에 놓을지 판단하는 데 영향을 미칠 각 정보원의 과거 행적이나 권위 등을 메모해 둔다.

제2단계: 개별적으로 작성한 스펙트럼을 옮겨 적는다

앞에서 작성해 놓은 여러분의 신뢰도 스펙트럼을 뒤에 마련된 페이지에 그대로 옮겨 적도록 한다.

제3단계: 채워 넣는다

신뢰도 스펙트럼을 크리스마스트리라고 생각하고 장식한다. 정보원을 각각 적절한 자리에 배치하라는 뜻이다. 구체적인 진술을 적을 공간은 없으므로, 정보원을 나타내는 이름이나 약칭만 사용한다. 그러면 나중에 스펙트럼을 볼 때, '아, 그래, 코펜하겐 컨센서스로군. 세 명의 노벨상 수상자가 사물의 우선순위를 정하면서 지구 온난화를 맨 아래쪽으로 보냈지' 하고 생각할 수 있다.

이 증거를 하나씩 자리에 놓다 보면 이윽고 전모가 드러난다. 그리고 그것은 여러분 각자의 것이다. 여러분의 가치, 경험, 판단 등이 지구 온난화에 관한 논쟁을 어떻게 여과시키는지를 나타내는 개인적인 표현이기 때문이다. 하지만 스펙트럼을 작성하는 가운데 편향을 배제하기 위해 노력했으므로 편향은 없기를 바란다. 얼마나 재미있는가! 그러나 정말 유용한 단계는 바로 다음 단계이다.

제4단계: 아름다운 크리스마스트리

자, 이제 재미있기도 하고 아주 어려울 수도 있는 부분이다.

먼저 어려운 부분부터 이야기하자. 의식적으로 편향을 찾으려고 한 다음, 그 편향뿐 아니라 논쟁에 관해 현재 지니고 있는 견해까지 제쳐

둔다. 신뢰도 스펙트럼의 도구에도 불구하고 여전히 확증 편향이 작용할 수 있다. 여러분 앞에 있는 것이 바로 내가 이야기한 바 있는 모래와 철가루가 들어 있는 양동이 같기 때문이다. 즉 그 양동이는 현재 나의 견해가 반대 견해보다 더 지지를 받는다는 느낌을 갖게 하는 커다란 증거 더미이다. 하지만 증거가 신념을 형성해야 한다는 과학의 기본적 요소를 기억하자.

이제 크리스마스트리의 장식을 끝낸 뒤처럼 커피 또는 홍차, 코코아, 밀크티 등 무엇이든를 한 잔 마시면서 등을 기대고 앉아 한눈에 살펴보자. 정보원들의 이름을 검토하면서 각자가 뭐라고 말했는지 되돌아보자. 머릿속에서 정보원들끼리의 논쟁을 그려 보면 어느 한쪽이 다른 쪽의 주장을 억누를 만한 아주 훌륭한 주장을 했는지 파악할 수 있다. 중요하다고 생각된다면 노벨 수상자들까지 덧붙인다. "노벨상 수상자 세 명의 이름이 보이니까 너희들 둘을 상향 조정하겠다." 그리고 천천히 여러분의 도구 상자를 어떻게 만들지 생각하는 것이다.

정답은 없다. 중요한 것은 이것을 가지고 시간을 보내는 것이며, 이를 통해 여러분은 전반적인 큰 그림을 그릴 수 있다.

제5단계: 가로줄의 개연성을 결정한다

잘 만들어진 신뢰도 스펙트럼의 전반적인 모습을 바탕으로 도구 상자의 두 가로줄을 비교해 어느 쪽이 더 가능성이 있는지 판단한다. 만약 두 가지의 가능성이 동전을 던지는 것처럼 똑같다고 생각하면 위아래를 같은 크기로 만들고, 위 가로줄이 더욱 가능성이 많다고 생각한다면 윗줄을 아랫줄보다 크게 만든다. 높이의 상대적인 크기를 조절해 그 가능성을 나타낸다.

제6단계: 도구 상자의 칸을 채운다

이제 미래의 시나리오를 가지고 칸을 채운다. 먼저 여러분이 골라 놓은 정보원들이 밝힌 진술을 보며, 각 칸마다 가장 가능성이 높아 보이는 것을 찾아보기 바란다. 그런 다음 한동안 신뢰도 스펙트럼에서 어느 쪽이 우위를 차지할 것인지 비교해 본다. 물론 각 도구에 들어갈 수 있는 시나리오에는 여러 가지가 있다. 가장 그럴듯하다고 생각되는 것을 적어도 좋고, 아니면 그 중간쯤 되는 시나리오를 적은 뒤 몇 개의 의문 부호를 덧붙여도 무방하다. 약간 실없는 짓처럼 보이겠지만, 미소 짓는 표정과 찡그린 표정의 얼굴 표시가 마지막 단계에서는 상당히 유용해진다.

첫 번째 세로줄에 동그라미를 그리고 복권 A라고 표시한다. 두 번째 세로줄에 동그라미를 그리고 복권 B라고 표시한다. 그리고 심호흡을 한 뒤 다음 단계로 넘어가자.

제7단계: 다른 요인을 점검한다

제9장 끝에서 내가 했던 것처럼 시간을 조금 들여 여러분의 결정에 영향을 미치도록 하고 싶은 다른 가치나 경험 등에 대해 생각해 보자. 결정을 내릴 동안 바로 눈앞에 보이도록 적어 두는 것이 좋다. 떠오르는 것이 없을 때는 되돌아가 내가 쓴 것을 봐도 좋다.

제8단계: 세계의 운명을 결정한다

신뢰도 스펙트럼을 가지고 그랬던 것처럼 도구 상자에서도 여러 가지 시나리오를 비교 검토하면서 깊이 생각해 본다. 여기서도 올바른 답이 무엇인지는 알 도리가 없다.

하지만 우수한 대답을 얻게 될 방법은 있다. 그것은 복권 중의 하나를 버리고 다른 하나를 고른 이유를 분명하게 마음속에 간직해 두는 것이다. 그것을 한 문장으로 말할 수 있도록 하라. 한 문장으로 정리할 수 없는 것은 생각이 명확하지 않기 때문이다. 그것은 또 무엇인가를 보지 못하게 한 내 확증 편향을 가리키는 것인지도 모른다. 또한 중요한 사실을 목록으로 만들면 도움이 된다. 웹에 발표하라. 또는 *www.gregcraven. org*에 와서 다른 사람들과 여러분의 도구 상자를 공유해도 좋다. 웹에는 불꽃 튀는 전쟁과 자신만만한 표현이 많거만, 내가 알기로는 양 진영이 서로 의견 일치에 가까워지고자 노력하기 위해 공통된 도구를 서로 공유하는 논쟁은 없다.

유혹에 넘어가지 말자

앞으로 새로운 정보나 성찰을 얻게 될 때 그 한 가지 정보만 가지고 도구 상자를 바꾸려는 유혹을 조심해야 한다. 스펙트럼을 채우는 과정 없이 도구 상자를 만들면 안 된다. 스펙트럼을 건너뛰는 것은 두 가지 매우 중요한 안전판을 우회하는 것과 같기 때문이다.

- **하나의 정보원을 지나치게 중시하지 않는다** 새로운 정보는 신뢰도 스펙트럼에 추가되어야 전체적인 모습을 파악하는 데 기여할 수 있다. 그런 다음 만약 그 전체적인 모습이 상당히 바뀌었다면, 새로워진 스펙트럼을 바탕으로 도구 상자를 고치도록 하라. 새로운 정보 하나만으로 도구 상자를 고치지 말 것.
- **여러분의 머릿속에 설치한 붉은색 작은 깃발** 이들은 여러분의 머릿속에 있는 온갖 인간적인 약점—확증 편향, 커다란 문제가 있으면 그것에 대해 생각하거나 믿지 않으려 하는 경향, 기후 변화의 성격과 머릿속에 내재된 경보 체계 사이의 불일치 등—으로부터 보호해 주는 중요한 것이다.

이들 안전판은 기후 변화에 대해 무엇을 해야 할 것인지 논의하는 데 우리를 움직이게 하는 관건이다. 이 책의 요점 가운데 하나도 그들을 우회하면 우리에게 아무 도움이 되지 않는다는 것이다.

여러분의 결론은 무엇인가?

여러분의 선택이 세로줄 B라면 축하한다! 유리한 출발을 한 셈이다. 현재와 같이 기후 변화에 대해 아무런 행동을 취하지 않는다는 것은 오랫동안 해 왔던 것이며, 원래 상태이기 때문이다. 그래서 세로줄 B를 선택한 사람들은 대중적인 정책 토의에서 불공정한 많은 이점을 누리게 된다. 하지만 여러분은 무엇을 할 것인가?

여러분처럼 세로줄 B를 선택한 사람들을 위해 나는 이 책의 뒤에 수록된 '추가 자료'에서 유용한 여러 홈페이지를 소개했다.

여러분이 세로줄 A를 선택했지만 무엇을 해야 할지 막연한 상태일 때는 이 책에 부록과 '추가 자료'에 내 제안을 덧붙였으니 참고하기 바란다. 하지만 내가 어떻게 전국적인 논쟁에 영향을 미칠 수 있을까? 지금까지 그렇게 한 적이 전혀 없다. 여러분에게도 좋은 의견이 있으면 www.gregcraven.org를 방문해 다른 사람들과 공유해 주기 바란다.

어떤 방식으로든 여러분이 이 책의 도구를 사용해 이전보다 더욱 이성적이며 사려 깊고 여러분에게 바람직스러운 결과를 가져올 결론에 이를 수 있었으면 좋겠다. 덧붙여 나는 논쟁의 양쪽에 있는 사람들이 이 책을 통해 서로 고함을 지르기보다 상대방의 말에 귀를 기울이고 함께 노력함으로써 공통된 이해에 가까워질 수 있기를 바란다.

여러분도 인정하겠지만 고함을 지르는 것을 좋아하는 사람은 아무도 없으며 그것이 논쟁을 발전시키지도 않는다. 그러므로 어쩌면 논쟁에서 서로 공통된 도구를 사용함으로써 고함이 아닌 다른 방법으로 논쟁할 수 있을지 모른다. 언제나 희망은 있다.

그리고 여러분이 시간과 노력을 기울여 그 쟁점에 대해 생각해 준 것만으로도 분명히 내 희망에 보탬이 된다. 그래서 고맙다.

온난화 지지자 세로줄 A　　　점점 믿을 만하다　　　회의론자 세로줄 B

점점 믿을 만하지 못하다

여러분 개인의 신뢰도 스펙트럼.

여러분 개인의 의사 결정 도구 상자

지구 온난화	행동	
	A 지금 뜻있는 행동을 한다.	B 지금은 거의 또는 전혀 행동을 하지 않는다.
거짓이다		
참이다		

세상을 바꾸는 방법

가독성을 위해 여기에서 애매하게 사용되고 있거만, 모든 문장 앞에는 '내가 보기에……' 하는 말이 항상 감추어져 있다. 무슨 자격으로 내가 감히 건설을 말할 수 있겠는가? 여러분이 이 부록을 읽는 것은 여러분의 결론이 내 결론과 일치하며 탄소 배출을 대폭 감축함으로써 기후 변화를 완화시키기 위해 행동해야 한다는 데 동의하기 때문이다. 그럼 어떻게 하면 될까?

　나는 기후학자도 아니고 정책 분석가도 아니다. 그러므로 여기서는 정책에 대해 다루지 않겠다. 하지만 여러분과 나는 여기서 이 쟁점에 대한 과학자들의 기본적인 평가를 받아들여 정책 입안자들에게 지구 온난화 문제에 어느 정도의 자원을 할애할 것인지 결정하고 가장 훌륭한 해결책을 찾아내야 하는 임무를 위임하는 중책을 맡고 있다.

　우리가 할 일은 그 일을 실천에 옮기는 것이다.

마지막 선, 350

앞서 자세히 설명했다시피 제임스 핸슨은 기후가 어떻게 작용하는지 예측한 뒤 주류 과학자들로 하여금 자신의 평가를 받아들이고 그것이 옳음을 입증하도록 했던 사람이다. 그래서 나는 핸슨이 제시한 목표를 채택할 것을 제안한다. 그렇다고 해서 그가 옳다는 말은 아니지만, 경마에서 돈을 걸 때는 경주마의 과거 기록을 살펴보게 된다. 이 기후 변동이라는 경주에서는 제임스보다 더 훌륭한 경주마를 찾을 수 없으므로, 나는 그에게 돈을 거는 것이다.

대기 속 탄소 농도 350ppm이라는 그의 목표는 현대의 번영을 끝내지 않도록 여지를 남겨 놓는 매우 신중한 목표치이고, 나는 그 목표를 전적으로 지지한다.

하지만 그의 목표를 채택하는 것에 함축된 의미는 불안에 가깝다. 대기 속 탄소 농도는 2009년에 388ppm이었고, 해마다 결정적 순간에 이를 가능성이 점점 높아지고 있기 때문이다. 콜레스테롤 수치가 높은 것과 아주 비슷하다. 즉 몸이 아픈 것보다 심장 마비를 일으킬 가능성이 높음을 의미한다. 그래서 갑자기 매우 아프게 만든다. (핸슨은 유럽 연합의 현재 목표 450ppm을 가리켜, 결국 남극과 북극의 얼음을 녹여 해수면을 75미터까지(!) 높일 '확실한 재앙'이라고 했다. 핸슨이 지적하는 75미터라는 수치가 IPCC에서 제기하는 최악의 상황 시나리오와 그처럼 크게 차이가 나는 것은 그가 IPCC의 모델에서는 제외된 대륙 빙하의 용해 가능성까지 감안하고 있기 때문이다)

욕조에 관한 논의를 기억한다면, 우리는 현재 수도꼭지를 더욱 열어 놓고 있을 뿐 아니라 점점 더 빨리 돌리고 있다. 만약 수위를 350ppm으로 낮추어야 한다면 여러 단계를 거쳐야 한다. 먼저 수도꼭지를 돌리는 속도를 늦추고 그런 다음에는 돌리는 것 자체를 멈추어야 하고, 그런

243

다음에는 거의 물이 안 나올 정도로 잠가야 한다. 그런 다음에는 배수구를 넓힌 다음에 시간을 두고 욕조의 수위가 낮아지기를 기다려야 한다. 그리고 350ppm이라는 안전한 수준으로 내려가기 전에 우리가 결정적인 순간을 지나지 않기를 바라야 한다. 공기 중 탄소 농도가 350ppm 이상인 상태로 오래 있을수록 급작스럽고 파국적인 기후 불안정을 촉발하게 될 위험은 더욱 커진다.

그러므로 우리는 아주 급박하게 행동해야 한다. 정책을 바꾸고 새로운 에너지 구조를 구축하며 탄소 수준이 낮아지기를 기다리고 그런 다음 기후가 반응하기를 기다리는 등 각 단계에서 시간이 필요하다. 이 과정은 대형 선박의 방향을 돌리는 것과 비슷하다. 장애물을 피하고자 한다면, 수평선을 지켜보면서 일찍부터 방향을 바꾸기 시작해야 한다.

장애물과의 충돌 위협이 분명해질 때까지 기다린다면, 장애물의 방해를 받지 않고 방향을 바꾸기에는 너무 늦을지도 모른다. 어떤 시점에 이르면 우리가 어떻게 하든 충돌이 불가피해진다. 영화에서 가장 박진감 있는 2분은 1997년의 영화 〈타이타닉〉에서 볼 수 있다. 배의 방향을 돌리기 위해 모든 수단을 강구하지만 그 배는 계속 빙산을 향해 갈 뿐이다. 아!

에너지와 관련된 우리 경제—탄광, 송유관, 궤도차, 디젤유, 가솔린 자동차, 석탄을 연료로 사용하는 화력 발전소 등으로 이루어진 화석 연료 구조—는 바로 그 거대한 배이다. 우리가 빙산을 향해 가도록 하는 에너지와 관련된 우리 경제가 바로 그 배라고 할 수 있다. 우리를 대신해 감시 역할을 하는 과학자들이 그렇게 열심히 말한다.

그러므로 여러분도 이제는 내가 전구를 다른 것으로 바꾸거나 겨울에 실내 온도를 낮추고 스웨터를 입는 등 개인적인 행동에 대해 이야기하지 않는 이유를 이해할 수 있을지 모른다. 그렇게 하면 분명히 여러분의 돈을 아끼게 될 것이다. 하지만 이 시점에서 요구되는 것은 전 세계적인 에너지 생산 및 소비 방법의 일대 변혁이며, '탄소의 발자국을 줄이는 열 가지 편리한 방법'은 훌륭한 것이기는 하지만 그것으로는 부족하다.

이제 여러분도 기후 시스템의 위력, 탄소 이동 프로젝트의 규모, 복잡한 시스템의 갑작스러운 성격 등을 이해하게 되었으니 아마도 실정을 알아차렸을 것이다.

때는 우리가 생각했던 것보다 상당히 늦다.

마음먹기에 달려 있다

반드시 해야 하는 일이 정치적으로 실현 가능성이 없을 때 어떻게 할 것인가?

핸슨과 그의 동료들이 요구하는 시한은 기후의 작용 측면에서는 좋은 내기가 되겠지만, 정치적인 도박이 분명해 보인다. 핸슨은 과학에 대한 그의 이해를 바탕으로, 만약 우리가 이 불안한 기후 시스템에서 결정적인 순간을 피하고자 한다면, 석탄을 연료로 사용하는 발전소를 더 이상 새로 짓지 않는 것은 물론 2030년까지 기존의 발전소 *미국의 전력 가운데 50퍼센트를 공급한다.*의 탄소 배출을 완전히 중지해야 한다고 말한다. 그것은 2015년까지 우리가 아주 다른 과정을 밟아야 한다는 뜻이다. 그리고 몇 년 안에 정책을 근본적으로 바꾸지 않으면 안 된다는 뜻이다. *유감이다.*

그것은 그 빌어먹을 경과 시간 때문이다! 전문가 검토가 이루어진 다른 논문들도 핸슨의 견해를 되풀이하면서, 우리가 10년을 더 기다린다면 규제 행동이 이보다 더 가혹해져야 할 것이라고 설명한다. 물론 그들이 틀릴 수 있다. *그렇기를 바라자!* 하지만 그 가능성에 얼마나 돈을 걸겠는가? 정말 전 세계를 내기에 걸고 있는 것 같다. 그래서 나는 핸슨의 시한에 동의하자는 입장이다.

하지만 그것이 불가능해 보이지는 않는가? 불과 1, 2년 만에 우리의 에너지 정책을 근본적으로 바꿀 수 있을 만큼 사회적·정치적 변화가 이루어질 리가 없다. 나도 그렇게 생각했다. 하지만 바로 그때 나는 1, 2년 안에 의미 있는 사회적·정치적 변화가 이루어지기에는 시간이 너무 짧다는 결론이 나도 모르는 추측에 기인한다는 사실을 깨달았다.

과거에 정치적 변화가 그랬던 것처럼 미래의 정치 변화가 느리고 가혹하며 혼란스러우리라는 것은 내 추측이었다. 하지만 그 추측이 반드시 사실은 아니다. 우리는 마음만 먹으면 말도 안 되는 짧은 시간에 불가능해 보이는 일을 해내기도 한다. 바로 제2차 세계대전 때 미국은 불과 4년 만에 불쑥 세계에서 가장 생산적인 경제 대국이 된 것이다. 실제적인 것이나 가능성만 보이는 일도 환경에 달려 있음을 보여 준다.

우리가 무엇을 성취할 수 있느냐는 비상사태 때 바뀐다.

제3차 세계대전은 핵전쟁이 아니다

1941년 12월 7일 진주만이 폭격 당하자 미국은 세계 역사상 아마도 가장 큰 경제력을 총동원했다. 숨 가쁜 생산 목표가 설정되었지만 초과 달성되었다. 전쟁 채권을 판매하면서 정부는 시민들에게 '아픔을 느낄 때까지 흙을 파고 또 팔 것'을 요구했으며, 시민들은 그에 호응해 가구 소득의 평균 25퍼센트를 투자했다. 매번 목표가 초과 달성되었고, 목표의 두 배에 이르기도 했다.

이러한 미국의 전쟁 수행 준비를 통해 우리는 정부의 행동이 국민들에 의해 추진될 때 불가능해 보이는 엄청난 것도 놀라울 정도로 짧은 시간 안에 달성할 수 있음을 볼 수 있다. 그리고 경제를 해치지 않고도 그렇게 할 수 있다. 시민들의 총체적 노력이 공통된 목표를 향함으로써 미국은 대공황을 벗어나 세계 최강의 경제 대국이 되었다.

우리의 안보를 지키고 닥쳐올 위협으로부터 우리의 생활 방식을 유지하기 위해서는 바로 지금 그 같은 전쟁 규모의 총동원이 필요하다. 우리는 제3차 세계대전이 초강대국 사이의 전면적인 핵전쟁이 될 것이며, 만약 그것이 일어나면 문명까지 몰락하리라 생각했다. 하지만 어쩌면 제3차 세계대전이 온난화에 대한 전쟁이 되고, 그 싸움에 나서지 않으면 문명이 몰락할지도 모른다.

우리 앞에 놓인 임무가 너무 커서 절망하고 그렇게 많은 것을 빨리 해결할 방법이 없노라 생각하기 쉽다. 하지만 바로 내일 모든 사람이 '내 신앙과 내 가족 다음으로 이것이 내게 가장 중요한 일'이라고 생각하고, 우리의 반사적인 반응이 '내게 무슨 대가를 요구할까?' 대신에 '내가 어떻게 도울 수 있을까?' 하고 생각한다면 그 일을 쉽게 할 수 있을 것임을 의심하지 않는다.

우리가 모든 사람의 의지력, 결의, 능력을 똑같은 방향으로 움직이게 하는 데 이용해 함께 노력한다면 무엇을 이루를 수 있을지 상상해 보라.

우리 안의 거인을 깨우다

기술적으로 우리는 탄소의 배출을 아주 손쉽게 급격히 줄일 수 있다.

새로 개발된 기술이 그것을 더욱 쉽게 할 수 있지만, 우리는 지금 당장 에너지와 관련된 우리의 경제를 화석 연료에서 다른 것으로 전환하기 위한 임무를 수행하는 데 필요한 모든 것을 이미 가지고 있다. 단지 그럴 의지가 없을 뿐이다.

여기서 가장 커다란 장애는 우리의 적이 얼굴이 없다는 점이다. 러시아인들은 달세계 정복에 박차를 가하게 했고, 히로히토와 히틀러는 제2차 세계대전을 수행하기 위한 총동원을 이끌었다. 하지만 지금 우리의 문명을 위협하고 있는 적은 자동차의 배기통에서 나오는, 눈에 보이지 않고 냄새도 없는 기체이다. *허! 난국에 대비하라! 승리의 채소밭을 가꾸라! 전쟁 채권을 구입하라! 이런 것은 정말 우리의 마음을 뒤흔들지 않는가?*

바로 거기에 가장 커다란 장애가 놓여 있다.

그것이 기후 관련 법률 전문가 메리 우드가 외계인으로부터 공격을 받는 편이 낫다고 말하는 이유이며, 하버드 대학교의 심리학자 대니얼 길버트가 만약 잔인한 독재자처럼 지구 온난화가 찾아왔다면 온난화에 대한 전쟁이 이 나라의 최우선 순위가 되었으리라 주장하는 이유이다.

기후 변화는 우리 두뇌가 가지고 있는 경보 시스템의 약점에 작용한다. 그것은 인간적인 문제가 아니며 도덕과 관련이 없고 멀리 떨어져 있는 점진적인 일이다. *그러나 마지막 두 가지는 이제 사실이 아니라고 여겨진다.* 도전에 강하지 못한 것보다 구체적 위협에 맞추어져 있는 우리의 경보 체계 때문에 우리가 파멸하게 될지도 모른다.

우리는 우리의 마음을 합칠 때 엄청난 일을 할 수 있다. 현재 어렴풋하게 드러나고 있는 위협은 우리가 제때에 그것에 전념할 수 있을지 여부이다. 우리 안의 잠자는 거인을 깨울 것인가? 아니면 그 거인이 명백한 재앙에 의해 너무 늦게 깨어날 것인가?

낙관론도 비관론도 아니다

내가 이 책을 열심히 쓰고 있을 때 이웃 사람 하나가 '쓰고 있는 책에 도움이 될까 하여'라는 제목으로 전자 우편을 보내왔다. 그것은 바로 비자 카드의 창립자 디 혹이 한 말을 인용한 것이었다. "비관론을 갖기에는 시기가 너무 늦고 사정이 너무 나쁘다." 나에게 도움을 주고 나를 진정시켜 찌푸린 얼굴로 돌아다니지 않도록 하려는 이웃 사람의 배려였다고 생각한다. 하지만 정반대의 효과를 가져왔다. 나는 거북스러움과 두려움을 느꼈고 그래서 혼란스럽고 마음이 동요되었다. 부정적인 감정이 끊임없이 솟아올랐다. 나는 한동안 아무것도 생각하지 못했지만, 나중에 왜 그처럼 혼란스러웠는지 그 이유를 짐작할 수 있었다.

낙관론은 항상 긍정적인 특성으로 간주된다. 하지만 전력을 다하려는 마음이 없기 때문에 아주 해로울 수도 있다. 사람을 무력화시킨다. 무슨 일이든 다 잘 될 거라고 생각하기 때문에 아무런 동기를 가지지 못한다.

그러나 비관론도 마찬가지이다. 제대로 될 리가 없다고 생각하기 때문에 동기도 의욕도 없다. 결과가 이미 정해져 있는데 왜 노력을 하겠는가? 낙관론과 비관론 모두 두 손을 들어 운명에 항복하는 것과 같다. 그리고 그것은 분명히 지금 우리에게 필요한 것이 아니다. 우리에게는 지금 당장 우리가 하게 될 노력과 선택에 따라 결과가 달라지리라는 믿음이 필요하다.

이런 것들을 생각하면 문득 제2차 세계대전 때의 포스터 '여공 로지'—사랑하는 세계를 유지하는 데 필요한 것은 무엇이든 하겠노라는 사명감에 불타는 시민—의 모습이 떠오른다. 그것이야말로 지금 이 순간 우리가 필요로 하는 단호한 태도이다.

그 태도에는 아무 이름도 없다. 낙관론도 아니고 비관론도 아니다. 그것을 가리킬 말이 있어야 한다고 생각하지만 달리 그 이름이 떠오르지 않는다. 로지주의라고나 할까.

그게 익숙한 말은 아니지만 침울해지고 포기하고 싶은 기분이 들 때마다 나는 소매를 걷어 올리고 나를 쳐다보는 여공 로지의 모습을 생각하면서 열심히 노력을 계속해야겠노라 결심하게 된다. 로지가 열심히 일하고 있는데 어떻게 절망에 싸여 있겠는가?

낙관론, 비관론, 로지주의

쟁 점	비관론자의 말	낙관론자의 말	여로 공지의 말
"자, 이 컵을 보라!"는 고전적인 시험	물이 절반이나 비어 있다.	물이 절반이나 차 있다.	생각은 그만하고 물을 더 찾아보자.
우리가 그것을 할 수 있을까?	포기하라. 결코 할 수 없는 일이다.	괜찮아. 할 수 있을 거야.	이 일을 끝내도록 하자.
압도적인 상황에 직면할 경우	우리는 파멸이야!	만사가 잘 될 거야.	열심히 노력해!
성공할 가능성은 얼마?	불가능해.	뜻이 있으면 길이 있다.	해당되는 언급 없음. 계속 찾는 중!

유튜브와 트위터의 달인이 되라

그럼 어떻게 이 제3차 세계대전을 시작할 것인가? 세로줄 A로 끝나게 될 기회를 높일 수 있는 구체적 행동은 무엇일까?

에너지와 관련된 우리 경제의 배가 재빨리 방향 전환을 하기 위해서는 엄청난 정책 변화가 필요하다. 그런데 정책 입안자들은 유권자와 로

비스트 두 부류의 사람들에게만 반응한다. 로비스트는 소비자에게 반응하는 기업에 채용되어 있다. 그러므로 기본적으로 사람들의 무리가 궁극적인 힘을 지니고 있다. 그들 무리를 올바른 방향으로 이끌면 우리는 무엇이든 대부분 성취할 수 있다.

그들을 각성시키기 위해 우리가 개인적으로 무엇을 할 수 있을까? 여기서 나는 우리가 기후에서 한 가지 교훈을 얻을 수 있다고 생각한다. 기후 변화가 놀라운 것은 자그마한 사건으로 커다란 변화를 일으킬 수 있는 복잡한 시스템이라는 사실이다. 오늘날 우리 사회도 온갖 상호 관련성과 피드백 체계를 가진 복잡한 시스템이다. 그것은 자그마한 사건으로 엄청난 변화가 촉발될 수 있음을 뜻한다.

이것이 나비 효과(아시아에 있는 나비 한 마리의 날갯짓이 멕시코 만 해안에 허리케인을 일으킬 수도 있다)라고도 하지만, 더욱 구체적인 본보기는 올바른 때, 올바른 곳에 있었던 평범한 여인 로자 파크스에게서도 볼 수 있다. 앨라배마 주에서 로자가 버스를 탔을 때 운전기사는 그녀에게 백인이 앉을 수 있도록 자리를 양보하고 뒷좌석으로 가라고 요구했다. 하지만 그녀는 이를 거부했고 이 단순한 행동은 민권 운동을 불러일으켰다. 작은 돌 몇 개만 제대로 차더라도 산사태를 일으킬 수 있다.

오늘날에는 전자 우편, 휴대 전화, 메신저, 페이스북, 유튜브, 마이스페이스, 트위터, 블로그 등 바로 이 순간에도 우리 옆에 스며들어 있는 거미줄 같은 통신망이 있다. 그것이 바로 산비탈에서 준비 태세를 갖추고 기다리고 있는 산사태와 같다. 이는 불이 당겨지기만을 기다리고 있는, 인식과 의지의 폭발적인 파급이다.

널리 그리고 많이 퍼뜨려라

그것을 촉발시키기 위해서 무엇을 할 것인가? 그 대답은 거짓말처럼 간단하다. 그 말을 퍼뜨리는 것이다.

당장 우리 목표는 전구를 바꾸거나 지역구 의원에게 편지를 쓰는 것이 아니라, 상황에 대한 인식을 가능한 멀리 그리고 빨리 퍼뜨림으로써 정책 수립자들이 곳곳에서 유권자로부터 "기후 변화에 대해서 무엇을 할 것인가?" 하는 질문을 받도록 하는 것이다. 우리 소통 문화의 비선형적 성격을 이용해 산비탈 아래로 작은 돌멩이를 발로 차서 산사태를 일으키려 노력하는 것이다. 시기와 장소만 적합할 경우 한 사람의 일반인도 엄청난 효과를 일으킬 수 있다.

바이러스 전염과 비슷하게 들리겠지만, 사실이 그렇다. 《이기적 유전자》의 저자이자 과학자 리처드 도킨스는 바이러스처럼 퍼져 나가는 생각을 뜻하는 밈(meme)이라는 말을 만들었으며, 저술가 맬컴 글래드웰은 전파 그 자체를 묘사하는 용어로 사회적 유행병(social epidemic)이라는 말을 만들었다. 사실 나도 이들에게서 사람들의 마음을 사로잡는 말을 만드는 방법에 대해 한두 가지 배웠다. 그것이 바로 내가 하고 있는 말이다. 즉 지구 온난화 논쟁에서의 물음을 '그것이 사실인가?'가 아니라 '왜 그 위험을 감수할 것인가?'로 바꾸어야 한다는 밈을 사회적 유행병처럼 퍼뜨리는 것이다.

이 전략이 얼마나 강력한지 파악하려면 실제의 바이러스가 가지고 있는 성격을 알면 쉽겠다. 바이러스는 그 자체의 자원이 없다. 그 자체의 복제를 만드는 방법뿐이다. 그럼 빈약한 바이러스가 어떻게 유행병을 일으킬까? 숙주를 감염시키고 숙주의 자원, 경험, 접촉 관계를 동원해 수많은 복제를 만든 뒤 다른 숙주로 퍼져 나간다. 바이러스는 자원이 아니라 정보가 필요하다. 자원은 숙주에게서 가져오면 된다.

그리고 다음이 중요하다.

이들 복제된 바이러스가 다른 숙주로 옮길 때 그들 각자에게도 원래의 바이러스가 가지고 있던 것과 똑같이 다른 자에게 넘겨주라는 지령이 들어 있다. 그 지령의 내용이 '10회 복제해 퍼뜨릴 것'이라면, 복제된 바이러스 각각에게도 똑같은 지령이 들어 있으며, 그래서 다음번에는 100개의 새로운 복제가 생기고, 그 다음번에는 1000개 등으로 계속 늘어난다. 정말 놀라운 속도로 증식한다. 이는 기하급수적이고 비선형적이며, 바로 기후 그 자체와 같다. 그런 점에서 우리는 불로써 불과 싸울 수 있다.

우리가 문화를 바꿀 수 있는 방법도 그것이다. 여러분 자신이 10명의 사람을 찾아가 의사 결정 도구 상자를 사용하는 데 흥미를 느끼게 하고 (또는 '왜 위험을 감수하려는가?' 하고 묻거나 신뢰도 스펙트럼이나 안전벨트 원리를 보게 하는 등 모든 수단을 동원한다), 그리고 그들 각자에게 똑같은 지령을 10명 이상의 사람에게 전하게 하며, 그것을 거듭 되풀이한다. 그렇게 불과 5단계만 지나면 지구 온난화에 대해 새롭게 생각하는 사람이 무려 10만 명 이상 생긴다. 바로 여러분 때문이다.

산사태를 일으킬 수 있는 작은 돌멩이가 어떤 것인지는 아무도 모른다. 하지만 분명한 것은 발로 더 많이 찰수록 산사태가 일어날 가능성이 높아진다는 점이다.

바로 우리가 올바른 관념을 갖고 올바른 때 올바른 곳에 있는 사람이 될 수 있을까? 우리가 바로 자신의 중요성을 깨닫지 못한 채 역사의 방아쇠 곁에 서 있다가 세계의 운명을 바꾸어 놓을 행위를 하는 사람이 될 수 있을까? 우리가 바로 산사태를 일으킬 돌멩이를 차는 사람이 될 수 있을까?

아마 아닐 것이다. 하지만…… 그럴 가능성은 얼마든지 있다. 알아보는 유일한 방법은 꾸준히 산비탈 아래로 작은 돌멩이를 차는 것이다. 여러분이 얼마나 바쁜 사람인지 나도 잘 알고 있다. 그러므로 우리의 행동이 의미 있는 결과를 만들어 낼 가능성이 아주 적은데 왜 그렇게 해야 하나 생각하기 쉽다. 하지만 비선형 체계의 성격에 대해 다시 생각해 보라. 언제 결정적인 순간에 이를지 모르고 자그마한 행동이 엄청난 변화를 일으키게 된다.

우리의 작은 행동이 지구 기후 변화를 막아 내는 폭발적인 피드백 사이클을 일으키는 마지막 동작이 될지도 모른다. 작은 행동이 엄청난 결과를 야기하는 것이다.

그러므로 우리가 하는 작은 행동을 '양동이 안의 물방울 하나' 또는 '미미한 모든 도움'이라기보다 복권이라고 하는 편이 더 정확하다. 복권과 마찬가지로 우리의 행동은 대가를 받을 수 있는 가능성이 아주 적다. 하지만 당첨금은 바로 전 세계이다. 비록 당첨되는 복권을 사기는 어렵더라도, 엄청난 도전에 직면한 무력감을 벗어날 수 있기 때문에 조금이나마 만족감을 준다. 그리고 복권을 많이 구입할수록 당첨 가능성은 높아진다.

재미있는 것은 바로 그 때문이다. 각 복권마다 당첨될 가능성이 있다. 게다가 이 복권은 공짜이다.

한 장 하겠는가?

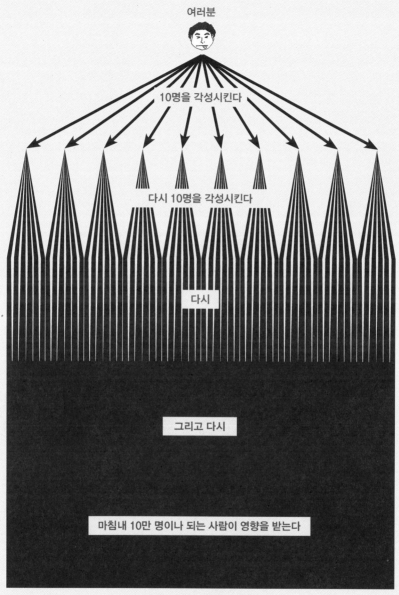

여러분

10명을 각성시킨다

다시 10명을 각성시킨다

다시

그리고 다시

마침내 10만 명이나 되는 사람이 영향을 받는다

바로 여러분 때문입니다.

산비탈 아래로 돌멩이를 차는 한 사람의 힘.

바이러스가 되자

그래서 여러분이 그 생각에 감염되어 그 말을 퍼뜨림으로써 세계를 구하자는 복권을 구입하려 한다. 이제 여러분이 할 일은 자신이 바이러스 숙주가 되어 그것을 변이시킨 뒤 퍼뜨리는 것이다. *글쎄…… 이것이 좋은 비유일까?* 여러분은 브레인스토밍을 한다. 내게 무슨 자원이 있는가? 내게 어떤 능력이 있는가? 내가 가지고 있는 관계는 무엇인가? 이 바이러스 같은 생각, 이 밈을 어떻게 퍼뜨릴 수 있을까?

여러분은 '맙소사, 지구 온난화에 대해 우리도 무엇인가를 해야 한다!'는 말을 퍼뜨리는 것이 아니다. 그 말도 어느 정도 효과가 있지만, 정상적인 속도의 변화밖에 일으키지 못한다. 대신 생각을 하도록 하는 밈을 퍼뜨려야 한다. 즉 '과연 사실인가?' 하는 질문을 '일어날 수 있는 최악의 상황은 무엇인가?'로 바꾸어 생각해야 한다는 것이다.

항상 명심해야 할 것은 기하급수적 증대를 일으키기 위해 여러분의 말 속에 '다른 사람들에게 계속 전하라'는 지령이 포함되어야 한다는 것이다. 그렇지 않으면 옛 방식의 문화적 변화밖에 되지 않는다. 우리에게는 그 같은 변화를 기다릴 시간이 없다. 위험을 피하고자 한다면 정치적 의지를 기하급수적으로 증대시켜야 한다. 비선형적인 것, 바이러스와 같은 것을 이용함으로써, 사회적 변화가 일어나는 방식을 바꾸어야 한다.

우리는 보수적인 시골 사람부터 히피까지, 맥주를 마시는 사람에서부터 카페라테를 홀짝거리는 사람에 이르기까지, 뉴욕의 월 가부터 소도시의 변두리까지 전 사회에 걸쳐 저절로 퍼지는 밈을 찾아냄으로써 문화를 바꿀 수 있다. 우리는 이 운동을 다른 운동처럼 전개할 여유가 없다. 우리는 많은 사람들과 자원의 도움을 받는 가운데 전례가 없는 변화에 의해서만 해결될 수 있는 사회적 유행병을 안고 있다.

이제는 350이다

여러분은 이제 어떻게 할 것인가?

이 기회를 놓치지 않고 나는 돈이 생길 때마다 이 책을 여러 권 구입해 캔디처럼 주변에 나누어 주기 바란다는 말을 하고 싶다. 농담이 아니다. 전망 좋은 카페처럼 사람들이 집어 들기 좋은 곳을 찾아 이 책을 깔아 놓겠다는 사람이 있었다. 지금 여러분이 카페에서 이 책을 집어 들었다면 이상한 기분일 것 같다!

물론 내가 돈을 덜 벌면서 그 밈을 퍼뜨릴 수 있는 다른 방법도 있다. 여기서 훌륭한 것은 여러분이 할 수 있다고 생각하는 시간과 정력에 어울리는 수준의 행동을 고를 수 있다는 사실이다. 각각의 행동은 아무리 작은 것이라 해도 당첨될 수도 있는 복권인 셈이다. 그 가능성을 높이고 싶다면 더 많은 복권을 구입하라. 시간이 없다면 단지 두 장만 얻어도 된다. 행동의 규모를 생활에 맞추어 조절하라. 그렇게 함으로써 마법적인 유연성을 지니게 되고 더 많은 것을 할 수 있다. 지나치게 완벽을 추구하지 않게 되기 때문이다.

밈을 퍼뜨릴 수 있는 가장 손쉬운 방법은 물론 이 책의 바탕이 된 비디오를 가족이나 친구들에게 보여 주는 것이다. 몇 번만 클릭하면 된다. www.gregcraven.org의 링크를 이용하거나 웹에서 검색을 하면 다른 사람들이 하고 있는 여러 가지 흥미로운 내용과 함께 그것을 찾아낼 수 있다. 상호 접속, 피드백, 결정적인 순간 등에 대해서도 생각해 보자.

좀 더 적극적인 방법은 이 책의 결론을 여러분의 사고와 여러분의 대화 속에 통합시키는 것이다. 차이를 만들어 내기 위해 남을 짜증스럽게 만드는 사회운동가가 될 필요는 없다. 다른 사람이 "주말 잘 보냈느냐?"고 묻는다면 "흥미로운 도구 상자에 대한 얘기를 들었는데 말이지……"

하고 대꾸하는 정도면 된다. 이 문제를 다룰 때는 사람들이 요구하기보다 질문에 대응하는 경향이 있음을 기억해야 한다. 그러므로 "이것을 들어 보라!" 대신 "이것에 대해 어떻게 생각하느냐?" 하고 시작하도록 하라. 그리고 그들의 대답을 진지하게 듣자. *경국 여러분이 바로 잘못된 사*
람일 가능성이 항상 있다. 기억하는가?

내 비디오를 통해 발견한 요점은 다음과 같다. 내가 만든 〈여러분이 아직껏 보지 못한 가장 무시무시한 비디오〉의 조회 수에 관한 그래프를 보자.

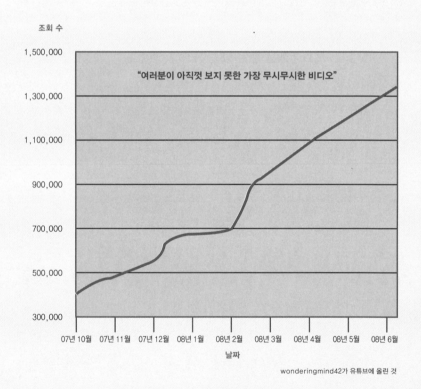

wonderingmind42가 유튜브에 올린 것

증대 요인을 찾아보라.

수직 부분이 보이는가? 대관절 무슨 일이 일어난 것일까? 바로 그 비디오가 야후 홈페이지에 소개되었다. 그리하여 약 24시간 동안 자신의 야후 전자 우편 계정을 확인했던 사람들은 모두 그 비디오에 관한 작은 광고를 보았고 그 결과 불과 하루 만에 10만 명 이상이 비디오를 보았던 것이다!

이것은 생각해 볼 만한 놀라운 일이다. 홈페이지에 그 광고를 올린 것은 아마 야후에 있던 어느 한 사람의 결정이었을 것이다. 그 사람이 바로 내가 '증대 요인' *나는 그 말을 내가 만든 것인지 다른 사람으로부터 훔친 것인지 알지 못한다. 그 말이 그냥 혀에서 나온 것이므로, 아마도 내가 만들어 낸 사람은 아닐 것이다.* 이라고 부르는 것의 예시이다. 그의 지위나 관계, 성품 등을 통해 중추적인 인물이 된 것이다. 올바른 사람을 얻으면 여러 달 동안 힘든 노력을 기울이는 것보다 훨씬 더 많은 것을 성취할 수 있다.

그러므로 증대 요인이 되는 언론인, 저술가, 학자, 칼럼니스트, 명사, 기업가, 선출된 공직자, 블로거, TV나 라디오의 토크쇼 진행자, 자선 단체, 비영리 단체, 시민 단체, 두뇌 집단, 입법부 의원들, 음악가, 논문들에 인용되는 전문가, 공직에 나서는 입후보자, 영화 제작가나 감독, 운동선수 등을 포섭하라. 동영상을 공유하는 다른 여러 사이트에 동영상들을 다시 올리거나, 여러 가지 주장을 빌려 여러분의 독자적인 비디오를 제작해 유튜브에 올릴 수도 있다. 이전에 아무도 생각하지 못했던 게릴라 마케팅 방법에 대해 친구들과 브레인스토밍을 하라. 종이 앞면에 의사 결정 도구 상자를 넣고, 뒤쪽에 '계속 전달하시오'라는 말을 인쇄한 명함 같은 쪽지를 만들어 가는 곳마다 뿌리도록 하라. 내가 제작한 비디오에서 비롯된 여러 개의 온라인 토론장이 만들어져 있다. 그들을 찾아 의견을 나누도록 하라. *이 생각에 관심이 있는 다른 사람들을 찾아내는 데 사용*

할 수 있는 중요한 말이 있다. 바로 맨해튼 계획과 아폴로 계획을 결합한 단어 맨폴로(Manpollo)이다. 그것은 내 비디오에도 있었던 말이지만, 내가 만든 것이기 때문에 내 생각들과 어울리는 이점이 있다. 군중을 조종하라. 비행기를 조종해 하늘에 광고문을 쓸 사람들을 고용하라. 몰입하라! 우리에게 반드시 천재가 필요한 것은 아니다. 단지 백만 가지 서로 다른 일을 하는 백만 명의 사람이 필요할 뿐이다.

집단적인 의식 속에 350이라는 숫자를 강조하는 일에 초점을 맞추도록 하라. 그것은 쉬운 밈이다. 구체적이며 짧고 언어로부터 독립되어 있으며 우리 문명의 보전과 멸망 사이의 차이를 의미할 가능성도 있는 어느 임계점을 상징한다. 350이라는 숫자를 기억하게 하는 놀랍고 별난 짓을 하는 사람들의 사진이 수록된 사이트 www.350.org와 친숙해지거나, 아니면 가는 곳마다 350이라는 숫자를 적어라.

항상 나빠지고 항상 빨라지고 있는 기후 과학의 예측 경향을 감안할 때 나는 350이 '전 인류의 숫자'—인류의 문명을 지키기 위한 집단 투쟁의 상징이자 인류가 서로 싸우는 대신에 마침내 함께 단결해 나선 도전의 상징—로 역사에 남을 것이라 생각한다.

여러분은 자신의 탄소 발자국을 줄이거나 어떤 직접적인 행동을 취하고 싶을지도 모른다. 석탄을 연료로 사용하는 발전소의 굴뚝에 사람들이 각자의 몸을 사슬로 묶어야 한다고 주장하는 과학자들의 이야기도 들은 적이 있다. 어이쿠! 하지만 정말로 큰일을 하고 싶다면, 위기관리의 생각을 다른 사람들에게도 계속 전하게 권함으로써 기하급수적으로 전파하는 데 초점을 맞추는 것이 가장 효과적인 방법이다.

여러분이 정상적으로 녹색 운동에 할애하는 에너지를 모조리 그 말을 퍼뜨리는 데 쏟아 부음으로써 2년 이내에 그 문화에서 대대적인 변화를 촉발하도록 하라. 이것은 가치 있는 대의를 위한 또 하나의 민중 운동에 불과해서는 안 된다. 우리에게는 그럴 시간적 여유가 없다. 지구 온난화의 기하급수적인 곡선은 또 다른 기하급수적인 곡선으로만 붙잡을 수 있다.

인류 역사상 가장 커다란 도전

우리에게 요구되는 것 가운데 아주 많은 것이 제2차 세계대전이 시작될 때 미국이 당면했던 총동원의 어려움을 상기시킨다. 우리가 과연 충분한 시간과 규모로 행동하겠다는 의지를 이끌어낼 수 있을지 막막해 보인다. 하지만 과거 세대는 해냈다. 우리도 할 수 있다. 그러므로 여러분의 희망이나 활력이 사라지기 시작하면, 여공 로지나 전쟁이 발발했을 때 루스벨트 대통령이 단호한 결심을 갖고 난국과 대면하면서 했던 다음과 같은 말을 되살려 보자.

앞으로 몇 달 동안 어려운 선택을 해야 할지도 모릅니다. 우리는 그 같은 결정에 움츠려 들지 않을 것입니다. 우리와 우리 동맹국은 용기와 결의를 갖고 그 같은 결정을 내릴 것입니다. (중략) 우리의 임무는 어렵고 전례가 없으며 시간은 짧습니다. (중략) 우리는 자유를 위해 값비싼 대가를 지불해야 할 수도 있음을 잘 알고 있습니다. 우리는 의지를 가지고 그 대가를 지불할 것입니다. 그 대가가 무엇이든 천 배 이상의 가치가 있습니다.

오늘날 우리는 안보를 위해, 진보를 위해, 평화를 위해, 그리고 우리 자신을 위해서 뿐 아니라 모든 인류를 위해, 그리고 우리 세대를 위해서 뿐 아니라 모든 세대를 위해 싸우고 있습니다. (중략) 그 싸움은 지금 밤낮을 가리지 않고 우리 생활에 스며들어 있는 싸움입니다.

그럼 우리가 할 수 있을까? 미국인들이 제2차 세계대전을 위해 전개한 경제적 동원에서 보여 준 의기와 희생, 그리고 현대의 소통이 지니고 있는 비선형적 성격을 바탕으로 나는 할 수 있다고 믿는다.

그럼 우리가 할 것인가? 행동을 강요당하는 것이 아니라 행동하기를 선택해야 하는, 인류의 역사상 가장 커다란 도전, 그 어느 때보다 더욱 현명하고 더욱 훌륭해야 하는 도전에 부응할 것인가? 그것은 부분적으로 여러분이 앞으로 할 일에 달려 있다.

자, 이제 여러분의 차례이다.

지구 기후 변화에 관한 기본적인 내용

다음 정보원은 매우 객관적이며 신뢰할 만하다.

- www.aip.org/history/climate/links.htm
- http://green.nationalgeographic.com/environment/global-warming/gw-overview.html
- www.pewclimate.org

회의론자 사이트

다음 정보원은 회의론자들의 자료가 있는 유용한 사이트로서 책에 언급되지 않은 것들이다.

- www.co2science.org—체계가 잡혀 있고 지속적으로 수정 보완이 이루어지는 정보 센터이다.
- www.climatescience.org.nz—뉴질랜드 기후 과학 센터. 이 센터는 밥 카터, 빈센트 그레이, 데이비드 벨러미 등 과학자지만 기후학을 전공하지는 않은 다수의 중량급 인사들이 관여하고 있다.
- www.worldclimatereport.com—자칭 '세계 최장수 기후 변화 블로그'이다.
- www.coyoteblog.com/coyote_blog/2007/07/table-of-content.html—《인류 발생의 지구 온난화에 대한 회의적인 일반인의 안내서》라는 책을 무료로 내려 받을 수 있다.
- http://epw.senate.gov/public/index.cfm?FuseAction=Minority.WelcomeMessage—상원의원 제임스 인호프의 웹사이트이다.
- http://techncentralstation.org—지구 온난화에만 초점을 맞춘 것은 아니지만 그에 관한 자료가 많아 잘 알려져 있다.
- www.globalwarminghoax.com—'인간이 만든 지구 온난화라는 통념을 반박한다'가 이 사이트의 구호이다.

온난화 지지자들의 사이트

다음 정보원은 온난화 지지자들의 자료가 있는 유용한 사이트로서 본문 중에 언급되지 않은 것들이다.

- http://gristmill.grist.org/skeptics—'기후에 회의적인 사람에게 이야기하는 방법'에 관한 포괄적인 글은 흔히 듣게 되는 회의론자의 주장을 조목조목 반박하고 있다.
- www.realclimate.org—대중과 소통하려는 기후 과학자들에 의해 운용되는 사이트이다.
- www.logicalscience.com—'기존의 이해관계로부터 과학적 합의를 지키는 것'을 그 사명으로 하는 사이트이다.
- www.350.org—인류의 집단의식 속에 숫자를 각인시키려고 시도하는 전 지구적 운동. 그 과정에서 별난 재미를 느끼는 것 같기도 하다.
- www.sourcewatch.org—정보원들의 홍보 활동을 폭넓게 철저하게 소개하는 사이트. '이 사람을 어디에 집어넣을까?' 하는 짐작을 매우 쉽게 처리하게 해 준다. 그리고 모든 진술을 인용한다.
- www.desmogblog.com—대중적인 논쟁의 현황을 종합적·지속적으로 추적한다.
- http://wakeupfreakout.org—이 사이트에서 볼 수 있는 〈깨어나 흥분한 뒤 상황 파악을 하라(Wake Up, Freak Out—Then Get a Grip)〉는 내가 이제껏 본 것 가운데 갑작스러운 기후 변화를 가장 쉽게 설명해 주는 11분짜리 애니메이션이다. *내가 만들었더라면 얼마나 좋았을까?* (한국어 자막을 비롯한 여러 언어의 자막이 있다).

대중적 논쟁을 개관하고 있는 위키피디아의 표제어

훌륭한 개관이며 더 많은 것을 찾아 읽고자 할 때 색인으로 사용하기에 매우 유용하다.

- http://en.wikipedia.org/wiki/Global_warming_controversy
- http://en.wikipedia.org/wiki/Scientific_opinion_on_climate_change
- www.globalwarmingart.com/wiki/Statements_on_Climate_Change

| 참고 문헌 |

A

- Adams, Douglas, and Mark Carwardine. 1990. *Last Chance to See*. Toronto: Stoddart.
- Akerlof, George, et al. [Signatories]. 2005. "Statement by Leading Economists" [Petition]. Dec. 7. Available online at http://snurl.com/aj2ry.
- American Association for the Advancement of Science. 2006. "AAAS Board Statement on Climate Change, Dec. 9. Available online at www.aaas.org/news/releases/2007/0218am_statement.shtml.
- American Association of Petroleum Geologists, Division of Professional Affairs. n.d. "Position statement: Climate change." Available online at http://dpa.aapg.org/gac/statements/climatechange.cfm.
- Analysis and Modelling Group. 2000. *An Assessment of the Economic and Environmental Implication for Canada of the Kyoto Protocol.* Natural Resources Canada.
- Anderson, Kevin, and Alice Bows. 2008. "Reframing the Climate Change Challenge in Light of Post-2000 Emission Trends." *Philosophical Transactions of the Royal Society A.* Available online at www.tyndall.ac.uk/publications/journal_papers/fulltext.pdf.
- Annett, Alexander. 1998. *The Department of Energy's Report on the Impact of Kyoto: More Bad News for Americans.* Washington, DC: Heritage Foundation, Oct. 23. Available online at www.heritage.org/Research/EnergyandEnvironment/BG1229.cfm.
- "Arctic Melt Passes Tipping Point." 2008. *New Zealand Herald,* Dec. 22. Available online at http://snurl.com/agvrr.
- Arrow, Kenneth, et al. [Signatories]. 1997. "Economists' Statement on Climate Change" [Petition]. Feb. 13. Available online at www.webcitation.org/5c3He2Wb7.

B

- Ball, Jeffrey. 2007. "Exxon Mobil Softens Its Climate-Change Stance." *Wall*

Street Journal, Jan. 11. Available online at http://snurl.com/74c5s.

• Bartlett, Albert. n.d. "Arithmetic, Population, and Energy." Lecture at University of Colorado, Boulder. Availabe online under the title "The Most Important Video You'll Ever See" at www.youtube.com/view_play_list?p=6A1FD147A45EF50D

• Billingsley, Lee. 2007. "Volunteers: Good for AAPG Climate." *AAPG Explorer,* Mar. Available online at www.aapg.org/explorer/president/2007/03mar.cfm.

• Boykoff, Maxwell T. 2008. "Media and Scientific Communication: A Case of Climate Change." *Geological Society of London, Special Publications* 305: 11-18. Available online at www.eci.ox.ac.uk/publications/downloads/boykoff08-media-communication.pdf.

• Broecker, Wallace S. 2006. "Was the Younger Dryas Triggered by a Flood?" *Science* 312 (5777): 1146-48. Available online at www.sciencemag.org/cgi/content/summary/312/5777/1146.

• Brown, Lester. 2008. *Plan B 3.0: Mobilizing to Save Civilization.* New York: W. W. Norton.

C

• Campbell, Kurt M., et al. 2007. "The Age of Consequences: The Foreign Policy and National Security Implications of Global Climate Change." Washington, DC: CSIS and CNAS. Available online at http://snurl.com/7lpwx.

• Carter, Robert M. 2007. "Testing the Hypothesis of Dangerous Human-Caused Global Warming." Paper given at the Climate Conference [Heartland Institute], New York, Mar. 2.

• Center for Naval Analyses. 2007a. "Climate Change Poses Serious Threat to U.S. National Security" [Press Release]. Apr. 16. Avaliable online at http://securityandclimate.cna.org/news/releases/070416.aspx.

• Center for Naval Analyses. 2007b. "National Security and the Threat of Climate Change." Virginia. Available online at http://snurl.com/7lnvw.

• Center for Naval Analyses. 2007c. "National Security and the Threat of Climate Change" [Power Point presentation]. Available online at http://securityandclimate.cna.org/report/CNA_NatlSecurityAndTheThreatOfClimateChange.pdf.

• Coates, Sam, and Mark Henderson. 2007. C4's "Debate on Global Warming

Boils Over." *TimesOnline* (UK), Mar. 15. Available online at http://snurl.com/73ydr.

- Committee on Abrupt Climate Change et al. 2002. *Abrupt Climate Change: Inevitable Surprises.* Washington, DC: National Academy Press. Available online at www.nap.edu/catalog.php?record_id=10136#description.
- Connor, Steve. 2006. "Global Growth in Carbon Emissions Is 'Out of Control.'" *The Independent* (UK), Nov. 11. Available online at www.independent.co.uk/environment/climate-change/global-growth-in-carbon-emissions-is-out-of-control-423822.html.
- Connor, Steve. 2007. "C4 Accused of Falsifying Data in Documentary on Climate Change." *The Independent* (UK), May 8. Available online at http://snurl.com/73ycd.
- Crichton, Michael. 2004. *State of Fear.* New York: Avon.

D

- Daly, Herman. 2007. Keynote Address: "Federal Climate Policy: Design Principles and Remaining Needs" workshop, American Meteorological Society. Washington, DC, Nov. 13. Available online at www.climatepolicy.org/?p=65.
- Dawkins, Richard. 1989. *The Selfish Gene.* Oxford: Oxford University Press.

E

- Energy Information Agency. 1998. *Impacts of the Kyoto Protocol on U.S. Energy Markets and Economic Activity.* Washington, DC: U.S. Department of Energy. Available online at http://tonto.eia.doe.gov/ftproot/service/oiaf9803.pdf.
- Essex, Christopher, and Ross McKitrick. 2008. *Taken by Storm: The Troubled Science, Policy, and Politics of Global Warming.* Toronto: Key Porter Books.

F

- Finger, Thomas. House Permanent Select Committee on Intelligence, House Select Committee on Energy Independence and Global Warming. 2008. *National Intelligence Assessment on the National Security Implications of Global Climate Change to 2030, Statement for the Record.* June 25. Available online at www.dni.gov/testimonies/20080625_testimony.pdf
- Flückiger, Jacqueline. 2008. "Did You Say 'Fast?'" *Science* 321 (5889): 650-51. Available online at www.scienceonline.org/cgi/content/

short/321/5889/650.

- Fraser Institute. 2007. "Independent Summary Shows New UN Climate Change Report Refutes Alarmism and Reveals Major Uncertainties in the Science" [News Release]. Feb. 5. Available online at www.fraserinstitute. org/newsandevents/news/4163.aspx.

- Fraser Institute. 2008. "What We Think." Available online at www. fraserinstitute.org/aboutus/whatwethink.htm.

G

- Gilbert, Daniel. 2006a. "If Only Gay Sex Caused Global Warming," *LA Times,* July 2. Available online at http://snurl.com/73yfd.

- Gilbert, Daniel. 2006b. "It's the End of the World as We Know It" [Blog Post]. Available online at http://snurl.com/73yh8.

H

- Hansen, James, et al. 2005. "Earth's Energy Imbalance: Confirmation and Implications." *Science* 308 (5727): 1431-35. Available online at www. sciencemag.org/cgi/content/abstract/308/5727/1431.

- Hansen, James, et al. 2008. "Target Atmospheric CO_2: Where Should Humanity Aim?" *Open Atmospheric Science Journal* 2: 217-31. Available online at http://arxiv.org/pdf/0804.1126v3.

- Hock, Dee W. 1998. "The Birth of the Chaordic Century: Out of Control and Into Order." Available online at www.webcitation.org/5e16bTjvh.

- "A Humbled Sage" [Opinion]. 2008, *Arizona Republic,* Oct. 28. Available online at www.azcentral.com/arizonarepublic/opinions/articles/2008/10/28 /20081028tue2-28.html.

I

- Inhofe, James. 2003. "The Science of Climate Change" [U.S. Senate Floor Statement], July 28. Available online at http://inhofe.senate.gov/ pressreleases/climate.htm.

- Inhofe, James. 2005. "Climate Change Update" [U.S. Senate Floor Statement], Jan 4. Available online at http://inhofe.senate.gov/ pressreleases/climateupdate.htm.

- Inhofe, James, Office of. 2007. *U.S. Senate Report: Over 400 Prominent Scientists Disputed Man-Made Global Warming Claims in 2007* [Minority Staff Report]. Available online at http://epw.senate.gov/public/index. cfm?FuseAction=Files. View&FileStore_id=bba2ebce-6d03-48e4-b83c-

44fe321a34fa.

- Intergovernmental Panel on Climate Change. 2007a. *Climate Change 2007: Synthesis Report: Summary for Policymakers.* Available online at www.ipcc. ch/pdf/assessment-report/ar4/syr/ar4_syr_spm.pdf.
- Intergovernmental Panel on Climate Change. 2007b. "The IPCC 4th Assessment Report Is Coming Out" [Flyer]. Available online at www.ipcc. ch/pdf/press-ar4/ipcc-flyer-low.pdf.
- International Climate Science Coalition. 2008. "The Manhattan Declaration on Climate Change." Presented at the International Conference on Climate Change, New York, Mar. 4. Available online at www. climatescienceinternational.org/index.php?option=com_content&task=view &id=37&Itemid=54.

K

- Kennedy, Donald. 2001. "An Unfortunate U-Turn on Carbon." *Science* 29 (5513): 2515.

L

- Langenberg, Donald. 2008. Private communication [email], Aug. 22.
- Lindzen, Richard. 2001. "The Press Gets It Wrong: Our Report Doesn't Support the Kyoto Treaty" [Opinion]. *Wall Street Journal,* June 11. Available online at www. opinionjournal.com/editorial/feature_html?id=95000606.
- Lindzen, Richard. 2006a. "Climate of Fear: Global-Warming Alarmists Intimidate Dissenting Scientists into Silence" [Opinion]. *Wall Street Journal,* Apr. 12. Available online at www.opinionjournal.com/extra/?id=110008220.
- Lindzen, Richard. 2006b. "Don't Believe the Hype: Al Gore Is Wrong. There's No 'Consensus' on Global Warming" [Opinion]. *Wall Street Journal,* July 2. Available online at www.opinionjournal.com/extra/?id=110008597.
- Lindzen, Richard. 2008. "Climate Science: Is It Currently Designed to Answer Questions?" Paper presented to the Creativity and Creative Inspiration in Mathematics, Science, and Engineering: Developing a Vision for the Future meetings, San Marino, Aug. 29-31. Available online at http://arxiv.org/pdf/0809.3762v3.
- Lomborg, Bjorn. 2001. *The Skeptical Environmentalist: Measuring the Real State of the World.* Cambridge: Cambridge University Press.
- Lomborg, Bjorn. 2007. *Cool It: The Skeptical Environmentalist's Guide to*

Global Warming. New York: Knopf.

M

- Malakoff, David. 1998. "Advocacy Mailing Draws Fire." *Science* 280 (5361): 195. Available online at www.sciencemag.org/cgi/content/summary/280/5361/195a.
- Marshall Institute. n.d. "Climate Change." Available online at www.marshall.org/subcategory.php?id=9.
- McIntyre, Steve. 2005. FAQ 2005. Available online at www.climateaudit.org/?page_id=1002.
- McKitrick, Ross. n.d. "Global Warming: Competing Views." Available online at www.uoguelph.ca/~rmckitri/cc.html.
- Monckton, Christopher. 2008. "Climate Sensitivity Reconsidered." *Physics & Society* 37 (3): 6-9. Available online at www.aps.org/units/fps/newsletters/200807/upload/july08.pdf.
- Moore, Frances C. 2008. "Carbon Dioxide Emissions Accelerating Rapidly." Earth Policy Institute, Apr. 9. Available online at www.earth-policy.org/Indicators/CO2/2008.htm.
- Mufson, Steven, and Juliet Eilperin. 2006. "Energy Firms Come to Terms with Climate Change." *Washington Post,* Nov. 25. Available online at http://snurl.com/7lu4w.

N

- National Academy of Sciences. 2005. "Joint Science Academies' Statement: Global Response to Climate Change." Available online at www.nationalacademies.org/onpi/06072005.pdf.
- National Snow and Ice Data Center. 2002. "Larsen B Ice Shelf Collapses in Antarctica." Press Room [Press Release]. Mar. 18. Available online at http://nsidc.org/news/press/larsen_B/2002.html.
- Newman, Rick. 2008. "Greenspan vs. Buffett." *U.S. News & World Report,* Oct. 27. Available online at www.usnews.com/blogs/flowchart/2008/10/27/greenspan-vs-buffett.html.

O

- Ohio State University. 2003. "Ice Cores May Yield Clues to 5,000-Year-Old Mystery." *ScienceDaily,* Nov. 7. Available online at www.sciencedaily.com/releases/2003/11/031107055850.htm
- Oregon Institute of Science and Medicine. n.d. Global Warming Petition

Project. Available online at www.petitionproject.org.

- Oreskes, Naomi. 2004. "Beyond the Ivory Tower: The Scientific Consensus on Climate Change." *Science* 306(5702): 1686. Available online at www. sciencemag.org/cgi/content/full/306/5702/1686.
- Oreskes, Naomi. 2007. "The Truth About Denial" [Jeffrey B. Graham Lecture Series]. Paper presented at the Scripps Institution of Oceanography, La Jolla, Calif., Oct. 8. Available online at www.youtube. com/watch?v=2T4UF_Rmlio.

P

- Parry, M. L., et al. 2008. "U.S. Scientists and Economists' Call for Swift and Deep Cuts in Greenhouse Gas Emissions," May. Available online at www. ucsusa.org/climateletter.
- Pearce, Fred. 2006. *With Speed and Violence: Why Scientists Fear Tipping Points in Climate Change.* Boston: Beacon.
- Pilkington, Ed. 2008. "Climate Target Is Not Radical Enough." *The Guardian,* Apr. 7. Available online at www.guardian.co.uk/environment/2008/apr/07/ climatechange.carbonemissions.

R

- Revkin, Andy. 2005. "Errors Cited in Assessing Climate Data." *New York Times,* Aug. 12. Available online at www.nytimes.com/2005/08/12/science/ earth/12climate.long.html.
- Ritholtz, Barry. 2008. "Big Bailouts, Bigger Bucks" [Blog Post]. Available online at www.ritholtz.com/blog/2008/11/big-bailouts-bigger-bucks.
- Romm, Joseph. 2008. "Ain't No Wind in T. Boone Pickens' Sails." *Salon,* Aug. 28. Available online at www.salon.com/env/feature/2008/08/28/t_ boone_pickens/index.html.
- Roosevelt, Franklin D. 1943. State of the Union Address to Congress. Jan. 6.
- Royte, Elizabeth. 2001. "The Gospel According to John." *Discover,* Feb. 1. Available online at http://discovermagazine.com/2001/feb/featgospel.

S

- Schelling, Thomas C. 2007. "Climate Change: The Uncertainties, the Certainties and What They Imply About Action." *The Economists' Voice* 4: 3. Available online at www.bepress.com/ev/vol4/iss3/art3.
- Schwartz, Peter, and Doug Randall. 2003. *An Abrupt Climate Change Scenario and Its Implications for United States National Security.*

Washington, DC: Pentagon. Available online at www.grist.org/pdf/ AbruptClimateChange2003.pdf.

• Science & Environmental Policy Project. 2007. "Preface: NIPCC vs. IPCC." *The Week That Was,* Sept. 1. Available online at www.sepp.org/Archive/ weekwas/2007/September%201.htm.

• Singer, Fred S., and Dennis T. Avery. 2008. *Unstoppable Global Warming: Every 1,500 Years.* Lanham, MD: Rowman & Littlefield.

• Spencer, Roy. 2008a. *Climate Confusion: How Global Warming Hysteria Leads to Bad Science, Pandering Politicians and Misguided Policies That Hurt the Poor.* New York: Encounter Books.

• Spencer, Roy W. 2008b. Testimony before the Senate Environment and Public Works Committee, July 22. Available online at www.webcitation. org/5cu7hl2KM.

• Steffensen, Jorgen Peder, et al. 2008. "High-Resolution Greenland Ice Core Data Show Abrupt Climate Change Happens in Few Years." *Science* 321 (5889): 680-84. Available online at www.sciencemag.org/cgi/content/ Fabstract/321/5889/680.

• Stein, Ben. 2008. "You Don't Always Know When the Sky Will Fall." *New York Times,* Oct. 28. Available online at www.nytimes.com/2008/10/26/ business/26every.html.

• Stern, Nicholas. 2006. "Stern Review on the Economics of Climate Change" [Executive Summary]. London: HM Treasury. Available online at www.hm-treasury.gov.uk/d/Executive_Summary.pdf.

T

• Thernstrom, Samuel. 2008. "Resetting Earth's Thermostat." *On the Issues,* June 27. Available online at www.aei.org/publications/pubID.28202/pub_ detail.asp.

• Tillerson, Rex. 2007. "Rex Tillerson: CERAWeek" [Opening Address]. *BusinessWeek,* Feb. 13. Available online at http://snurl.com/749ex.

U

• U.S. Climate Action Partnership. 2007. *A Call for Action.* Washington, DC. Available online at www.us-cap.org/USCAPCallForAction.pdf.

V

• Van der Veer, Jeroen. 2007. "Two Energy Futures." *Project Syndicate.* Available online at www.project-syndicate.org/commentary/vanderveer1.

W

• World Economic Forum and World Business Council for Sustainable Development. 2008. *CEO Climate Policy Recommendations to G8 Leaders.* Geneva, Switzerland: World Economic Forum. Available online at www. weforum.org/documents/initiatives/CEOStatement.pdf.

나는 끊임없이 질문을 제기하는 사람이다. 이 프로젝트가 진행되는 동안 아주 많은 사람이 내 질문을 받아 주었고 그것이 이 책의 밑거름이 되었다. 그래서 나는 저자가 아니라 다른 사람들의 경험과 지혜를 받아들이는 스펀지 같은 느낌이 들기도 했다. 나는 그들이 여러 가지 형태로 제공해 준 모든 것에 고마움을 느낀다. 크건 작건 간에 그들의 도움이 이 책을 만드는 데 바탕이 되었다.

먼저 여러 해 전에 강의를 하면서 서로 어울리는 모든 조각을 한곳에 집어넣는 방법을 가르쳐 준 워싱턴 대학교의 리처드 개먼 교수에게 감사 드린다.

그리고 바쁜 와중에도 틈을 내어 내 견해를 비평하거나 사소하기도 하고 억지스러운 내 질문에 답해 준 리처드 린드즌, 스티브 매킨타이어, 로스 매키트릭, 제임스 핸슨, 빌 맥키벤, 조 롬, 나오미 오레스키스, 도널드 랭근버그, 로스 겔브스팬, 칼 버그스트롬, 개빈 슈미트, 로저 필크 2세, 마크 리너스, 로버터 메이, 테리, 굿카인드, 리처드 멀러, 패트릭 무어, 존 스터먼, 리처드 필리, 메리 우드 등에게도 감사 인사를 전한다. 남아 있는 오류는 모두 내가 저지른 것이다. 인터넷 떠돌이에 지나지 않는 내게 바쁜 시간을 쪼개 대답해 준 사실만으로도 그들의 넓고 너그러운

275

배려심을 알 수 있다. 특히 로저 필크 1세, 돈 랭근버그, 스펜서 위어트, 디미트리 젱겔리스 등 바쁜 이들이 시간을 내어 폭넓은 대화를 해 주었다. 이들과의 대화는 엄청 값진 것이었다.

오랫동안 내가 재직하고 있는 학교의 학생들은 내가 곤란한 문제들을 다룰 때 함께 머리를 싸매고 고민하면서 그들의 머리를 빌려주었고 그 덕에 그 문제들이 예리하고 명확하게 정리되었다. 감사의 말을 전하고 싶다. 패러다임의 내 에이전트 제이슨 얀, 그리고 페리지 북스에서 내 책을 담당한 편집자 메그 레더와 마리아 갈리아노는 강박관념에 사로잡힌 채 어쩔 줄 모르는 아마추어가 전문적인 책을 만들어 내기까지 놀라운 인내심을 보여 주었다. 결코 쉬운 일이 아니었을 것이므로 그들에게 고마움을 느낀다.

이 책은 www.manpollo.org의 온라인 동호인들과 그들의 여러 동료들이 제공해 준 사심 없는 협력에 힘입은 바 크다. 그들은 자발적으로 시간을 내서 나의 견해를 다듬거나 여러 가지 정보가 필요할 때 나를 위해 온라인 두뇌 집단이나 연구원 역할을 해 주었다. 그들 모두는 내게 영감과 희망을 주었다. 너무 고마워 한다는 말을 전하고 싶다.

이 프로젝트를 진행하면서 너무 많은 사람에게 도움을 받았기 때문에 많은 사람의 이름을 빠뜨렸을지 모른다. 그들에게 용서를 구하면서 감사의 인사를 드린다. 그분들의 도움도 이 책에 살아 있을 것이다.

하지만 가장 큰 빚은 아내에게 졌다. 그녀의 영웅적인 인내심 덕분에 이 책이 가능했다. 아내는 내가 1년 반 전에 처음 비디오를 인터넷에 올린 이래 미혼모라는 오해를 들어야 했다. 우리는 우리가 처한 상황을 이해하지 못했지만, 그녀는 놀라운 인내심을 발휘해 그것을 이겨냈다. 내가 이 단순한 작은 상자를 세상에 내놓는 일에 사로잡히는 바람에 겪게 된 힘든 삶에도 불구하고 나를 용서해 준 아내 같은 사람은 세상에 또 없을 것이다. 여보, 정말 고마워. 그리고 사랑해.

그리고 지금은 이것을 이해하지 못하겠지만 미래에 이 책을 읽는다면 이해하리라 생각하며 케이티와 앨릭스에게도 감사를 표한다. 내 기분을 북돋워 준 기쁨의 순간 때문에 고맙고, 너희들과 함께 보내야 할 시간을 너희들로부터 빼앗았기 때문에도 고맙다. 그리고 인생에서 그처럼 중요한 시기에 너희들과 함께 지내지 못해 아주 미안하게 생각한다. 나는 고통스러운 선택을 했지만, 너희들에게 안전이라는 더욱 근본적인 것을 주기 위한 시도 때문이었다는 점을 이해해 주기 바란다. 그것이 충분하지는 못할 수도 있다. 하지만 나는 최선을 다했다.

에
에고이스트
코
녹색 현실주의자, 이기적으로 지구 구하기

The End

옮 긴 이
박 인 용

서울대 국문학과를 졸업하고, 시각문화사 편집장 업무를 시작으로 안그라픽스, 창작마을 등에서 근무했다. 《마오쩌둥》
《평양의 이방인》《미술로지카》《비발디의 처녀들》《이상한 나라의 언어 씨 이야기》 등을 우리말로 옮겼다.

에코 에고이스트 녹색 현실주의자, 이기적으로 지구 구하기

초판 1쇄 발행 2010년 10월 11일

지은이 그레그 크레이븐
옮긴이 박인용
펴낸이 양소연

기획편집 함소연, 진숙현 **마케팅** 이광택
관리 유승호, 김성은 **디자인** 하주연, 강미영 **웹서비스** 이지은, 양지현

펴낸곳 함께읽는책 **등록번호** 제25100-2001-000043호 **등록일자** 2001년 11월 14일

주소 서울시 구로구 구로3동 222-7 코오롱디지털타워빌란트 703호
대표전화 02-2103-2480 **팩스** 02-2103-2488 **홈페이지** www.cobook.co.kr

ISBN 978-89-90369-85-7(04530)
　　　　978-89-90369-74-1(set)

함께읽는책은 도서출판 나눔의집 의 임프린트입니다.